KB024833

한국인의
두모사상

2013년도
대한민국학술원 선정

우수학술도서

한국인의 사상적 정체성 탐구

한국인의 두모사상

초판 1쇄 발행 2012년 12월 31일

지은이 남영우

펴낸이 김선기
펴낸곳 (주)푸른길
출판등록 1996년 4월 12일 제16-1292호
주소 (137-060) 서울시 서초구 방배동 1001-9 우진빌딩 3층
전화 02-523-2907 **팩스** 02-523-2951
이메일 pur456@kornet.net
홈페이지 www.purungil.co.kr

ISBN 978-89-6291-218-0 93980

이 도서의 국립중앙도서관 출판시도서목록(CIP)은 e-CIP홈페이지(http://www.nl.go.kr/ecip)와 국가자료
공동목록시스템(http://www.nl.go.kr/kolisnet)에서 이용하실 수 있습니다. (CIP제어번호 : 2012006066)

KOREAN MENTALITY OF DUMO

한국인의
두모사상

한국인의 사상적 정체성 탐구

남영우

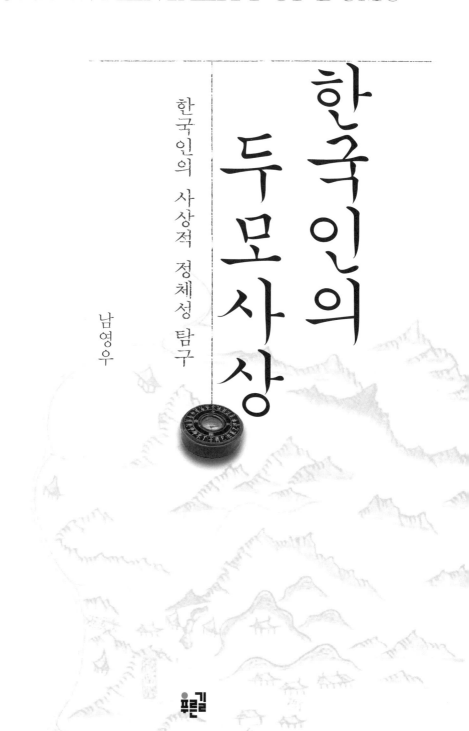

푸른길

한국인의 사상적 정체성 탐구

한국인의
두모사상

인간은 우리들이 생각하는 것 이상으로 환경의 영향을 많이 받는 존재이다. 그러므로 저자는 주거환경에 커다란 영향을 끼치고 있는 자연환경에 관한 지식이 인간을 연구하고 또 인간에 관심 있는 사람들에게 인식되기를 바라고 있다. 그것이 지리적 관점인 동시에 지리학 그 자체인 것이다. 그동안 우리나라에서는 한민족이 삶의 터전을 잡을 때 작용하는 요인을 풍수지리사상이라고 인식하였다. 이 경우, 대두되는 문제는 우리의 풍수적 사고가 어떤 사상에 기초한 것인가에 있다. 국내에서는 풍수지리사상이 중국으로부터 유입되었다는 외부유입설이 대세를 이루는 가운데 우리나라에서 생겨났다는 자생풍수설도 꾸준히 제기되고 있다. 만약 후자의 주장이 옳다고 하더라도 민족 고유의 사상이라고 하기에는 용어상의 문제가 제기된다. 왜냐하면 '풍수風水'라는 용어 자체가 중국풍수에서 말하는 '장풍득수藏風得水'에서 나온 것임을 생각할 때 풍수지리사상이 중국과 관련이 깊은 것임을 부정할 수 없기 때문이다.

저자는 오래전부터 도시와 촌락의 취락입지론과 관련한 풍수지리의 기원에 관하여 관심을 가지고 관련 서적을 탐독해 오면서 한국풍수를 생각해 왔다. 만약 풍수사상의 외부유입설이 옳다면, 중국으로부터 그 사상이 유입되기 이전 우리의 취락입지론은 무엇이었을까. 우리 민족이 장소를 가리지 않고 아무 곳에나 집을 짓고 마을을 건설하였을 리 만무하다. 또 자생풍수의 자연발생설이 옳다면, 그 당시 '풍수'라는 용어 대신 어떤 용어를 사용했을까? 다시 말해서 우리 민족은 집터를 고르고 마을이나 도읍지를 건설할 때 어떤 생각을 가지고 결정했을까? 이와 같은 궁금증에서 이 연구가 시작되었다. 저자는 일찍이 두모계 지명에 관심을 가지고 지리학자의 본능에 따라 분포패턴을 조사하였고 '두모'의 어원과 음운론音韻論을 연구하였다.

이 책의 제목 '한국인의 두모사상'을 처음 본 독자들은 매우 의아하였을 것이다. 우리 민족이 지닌 선비사상을 비롯한 효사상, 지인일체사상地人一體思想 등은 널리 알려져 있으나, '두모사상'은 금시초문이었을 것이다. 저자 역시 '두모'라는 지명이 한반도에 널리 분포하고 있다는 사실에 놀라움을 금치 못했다. 이 지명은 한반도뿐만 아니라 중국 만주와 일본 열도에 걸쳐 오래전부터 광역적으로 분포하고 있는 고지명古地名이다. '두모'에 관한 연구와 주된 관심사와 초점은 다르지만 다행스럽게도 지리학·국어학·역사학 등의 다양한 분야에서 연구되어 왔음을 이번 연구를 진행하면서 알 수 있었다.

이 책의 집필이 저자의 연구가 많이 축적되지 못한 시점에서 진행되어 시기상조라는 생각이 들긴 하지만, 능력의 한계를 느껴 후학들에게 차후의 연구과제로 남겨 두고 싶다. 책을 집필하면서 저자가 전국 각지를 전부 답사하며 조사하는 데 한계가 있어 나유진 양을 비롯한 고려대학교 학부생과 대학원생들의 도움을 많이 받았다. 특히 이경택 박사를 비롯한 박성근 박사와 손승호 박사에게 감사의 뜻을 전하고 싶다. 그리고 이 책에서는 구글어스의 위성사진과 국토지리정보원의 지형도를 이용하였다.

말필이나마 음운론에 많은 조언을 아끼지 않은 고려대학교 국어교육과 김유범 교수님을 비롯하여 저자의 학문적 활동을 격려해 주시는 대한민국학술원 회원인 이기석 서울대학교 명예교수님과 이 책의 출판을 위해 도와주신 여러 분들, 그리고 푸른길 김선기 사장님에게도 고마움을 표하고 싶다.

2012년 12월

안암동 연구실에서 저자 씀

제Ⅱ편 국토에 각인된 두모사상

사진 목차

그림 목차

표 목차

한국인의 사상적 정체성 탐구

한국인의
두모사상

한국인과 두모사상

한국인의 풍수사상

우리나라 신화는 의외로 그리스와 같은 신화성神話性이 희박하다. 신에 대한 선호도가 강함에도 불구하고 신들에 관한 이야기가 거의 없다. 우리나라 역사는 중국 정부의 주장과 달리 그들의 제후국이 아니라 천자국가天子國家임을 명확히 나타내고 있다. 이는 우리나라가 '하늘의 자손'이라는 천손의식天孫意識이 반영된 것이라 볼 수 있다. 또 하나 눈여겨보아야 하는 것은 우리나라 신화에는 창조주, 조물주 개념이 아닌 자연신自然神 관념이 들어 있다는 사실이다. 단군신화의 경우만 보아도 바람, 비, 구름을 뜻하는 풍백風伯, 우사雨師, 운사雲師가 나온다. 이들은 모두 자연신 관념이 반영된 것이라 풀이된다.

단군신화는 우리 역사에 등장한 최초의 국가인 (고)조선에 관한 것인 만큼 오늘날에는 민족 전체의 국조신화國祖神話로 여겨지고 있으며, 신화의 주인공인 단군은 우리 민족의 시조로 인식되고 있다. 신화란 원래 당시의 현실 속에서 고대인이 경험한 것을 객관화시켜 형성된 관념이 사회적 의식 형태로서 간접적으로 표현된 것이라 할 수 있다. 따라서 현재 우리에게 전해지는 신화는 과거의 어떤 특정한 시점에서 완전한 형태로 정착된 것이 아니다. 역사가 발전하는 과정을 거치는 동안 신화도 오랜 세월 변천을 거듭하여 내용의 일부가 소멸하기도 하고 첨가되기도 하여 오늘에 이른 것이다. 단군신화를 놓고 생각해 볼 때, 우리 민족에게는 예전부터 자연친화의식이 있었던 듯하다. 이러한 의식은 환인의 아들 환웅이 하늘 아래 인간세상을 다스리길 원한다는 단군신화의 내용에서도 찾아볼 수 있다.

이처럼 한국인의 사상체계는 장구한 역사를 거치면서 유교사상과 홍익사상을 비롯하여 샤머니즘, 애니미즘, 도교 및 불교, 천지인일체사상天地人一體思想, 음양오행사상, 효사상孝思想, 선비사상, 풍수지리사상 등으로 다양하고 복잡하게 구성되어 있다. 이들 가운데 특히 풍수지리사상은 우리 민족과 불가분의 관계에 있다. 풍수風水란 바람을 막고 물을 얻는다는 뜻의 장풍득수藏風得水에서 비롯된 용어로 땅의 해석과 활용에 관한 동아시아의 고유한 사상 중 하나이다. 특히 한민족에게 있어 풍수지리사상은 우리들이 의식하든 의식하지 못하든 타 민족에게 있어서보다 더 일상생활에 진하게 녹아들어 불가분의 관계가 되었다.

풍수지리사상의 기원起源은 풍수를 어떻게 정의할 것인가에 따라 달리 설명될 수 있다. 이 문제는 풍수 관련 용어들이 사용되기 시작한 시점을 기원으로 잡을 것인가, 아니면 풍수의 본질인 지기地氣를 느끼기 시작한 시점을 기원으로 할 것인가에 따라 각기 달라진다. 현대인들은 과학적으로 증명할 수 없는 지기의 존재를 모호한 것으로 인식하는 경우가 많다. 그럼에도 불구하고 많은 한국인들은 지기의 존재를 믿으려 하는 경향이 있다. 사실 풍수지리사상의 기원에 대해 여러 학자들마다 서로 다른 주장을 펴고 있으므로 정확하지 않다.

풍수지리사상의 기원은 외부유입설과 자연발생설로 대별된다. 전자는 풍수지리사상이 중국으로부터 유입되었다는 주장이고, 후자는 우리나라 자체에서 발생한 한민족 고유의 사상이라는 주장이다. 자연발생설을 주장하는 학자들에 의하면, 한반도는 지형적으로 산악이 많은 까닭에 산과 산신에 대한 숭배사상이 석기시대부터 전해져 내려왔으며, 이러한 사상은 한반도를 중심으로 하여 독특한 지석묘문화支石墓文化를 형성하였다는 것이다. 또한 우리나라의 풍수지리사상은 산악지대가 많은 자연환경과 산악숭배사상, 지모사상地母思想 등에 의하여 자연적으로 발생한 것인데, 신라 말기에 중국과의 교류가 활발해지면서 이러한 풍수사상이 더욱 발전했다는 것이다(박시익, 1987, p.254).

자연발생설을 주장한 박용숙(1975, p.13)은 『삼국유사』의 단군신화에서 환인이 삼위태백三危太伯을 보았다는 내용을 도읍지를 건설하기 위해 풍수지리를 살폈다는 뜻으로 해석하였다. 그리고 여기서 삼위태백은 삼산三山, 즉 주산·좌청룡·우백호를 가리키는 것이라 주장하였다. 김득황(1978, p.196)은 고구려 유리왕의 천도遷都와 백제 온조왕의 도읍지 선정 기록을 근거로 하여 상고시대의 한민족 역시 다른 민족과 마찬가지로 생활상의 필요에 따라 적당한 토지 선택을 고려하지 않을 수 없었을 것이라고 한다(이몽일, 1991, pp.84-88). 이러한 내용이 사실이라면, 중국으로부터 풍수지리사상이 유입되기 이전부터 당시의 우리 민족이 터를 잡는 데에는 일정한 기준에 기초한 입지론location theory이 존재했었다고 할 수 있다. 그것이 무엇일까? 이 의문에 대한 답을 찾는 것이 본서의 핵심적 과제이다.

풍수에서는 땅속에 흐르는 지기地氣의 차이로 인해 땅의 본질적 특성이 형성된다고 보고 있다. 그러므로 땅 위에 들어서는 가옥이나 취락 등의 인공건조물은 자연스럽게 땅의 본질적 속성으로 전제되는 풍수적 의미를 지니는 것으로 읽혀진다. 지기의 차이로 성격이 부여되는 땅 또는 주어진 외부세계로서 실재하는 땅과 관련된 인간의 경험은 두 가지 상이한 차원이 동반된다. 즉 땅에 대한 인간의 경험은 '실제로 지기가 있음으로 해서 직관 등에 의해 감응된다고 하는 경우'와 '지기가 있음을 전제하고 겉으로 드러난 외부조건을 살펴 지기라고 인식되는 무엇을 추론하는 경우'의 두 가지 경우가 있다. 다시 말해서 전자는 "땅이 실제로 다르다."라는 측면이고, 후자는 "땅이 다르다고 생각한다."라는 측면이다. 전자를 존재론적 차원이라고 한다면, 후자는 인식론적 차원이라고 할 수 있다(권선정, 2003).

풍수에 대한 정의는 선행연구에서 그 입지론적 측면을 잘 보여 주고 있다. 가령 음양오행설을 기반으로 하여 주역의 체계를 주요 논리구조로 삼는 전통적 지리과학 또는 음양오행설의 형이상학적 이론에 근거를 부여하고 유가儒家의 윤리사상과 결합하여 발달한 것이 바로 그것이다. 또는 인간의 조화로운 취락을 입지시킬 적절한 환경을 선택하도록 영향을 미침으로써 인간 생태계를 조정하는 물리적 환경을 개념화한 독특한 이해체계로서 정의하기도 한다. 이와 같은 정의들의 공통점은 풍수를 일종의 현대적 입지론과 대비시킬 수 있는 전통분야로서 이해하고 있다는 점이다. 실제로 풍수에서 구체적인 혈穴을 찾는 과정은 풍수이론상 공간적 스케일을 순차적으로 좁혀 가면서 취락 입지를 탐색하는 합리적 측면을 지니고 있다(권선정, 2003). 이러한 사고는 지리학이라는 학문적 경지에 도달한 것은 아니라 할지라도 지리적 사고의 범주에 속하는 것으로 간주할 수는 있을 것이다.

결국, 풍수지리사상이 일종의 학문으로 발달한 기원을 찾는다면 B.C. 5~3세기경의 중국 상고시대까지 거슬러 올라가야 한다. 자연현상의 변화가 인간 생활의 길흉화복吉凶禍福에 깊은 관련이 있다는 생각은 이미 중국의 춘추전국시대 말기에 시작되었으나, 그것이 음양오행설이나 참위설讖緯說과 혼합되어 음양지리陰陽地理와 풍수도참설風水圖讖說과 같은 각종 예언설을 만들어 내면서 본래의 의미가 왜곡되기 시작하였다. 여기서 춘추전국시대春秋戰國時代란 주周의 동천으로부터 시작해 진秦이라는 대국이 한韓, 위魏, 조趙의 삼국으로 분열하기 전인 B.C. 403년까지의 약 360여 년간을 '춘추'라 하고, 그 후 진의 통일까지의 180여 년간을 '전국'이라 부른다. 중국사상이라 불리는 것은 대부분 이 시기에 등장했다고 해도 무방할 것이다(변성규, 2003, pp.186-187). 이 시기에는 구체적으로, 유가의 공자와 맹자를 비롯하여 도가의 노자와 장자, 그리고 음양가 등의 다양한 사상적 관점이 교차하였었다. 당시에 발생한 풍수사상이 아직 우리 민족에게는 파급되지 않았을 시기이다. 고대 한국의 풍수사상은 삼국의 건국 이후 먼저 사찰 입지의 양기풍수론에서 출발하여 선승禪僧들의 부도지 선정 및 왕릉의 조영과 관련된 음택풍수까지 확대되었으며, 고대의 말기인 후삼국시대에 이르러서는 도읍 입지의 양기풍수론까지 발달하게 되었다.

참위설은 중국 역사에서 혼란한 시대였던 한나라B.C. 206~A.D. 220 때

유행한 미래예언설未來豫言設로 미래의 길흉에 대한 예언을 믿는 사상인데 음양오행설이나 풍수지리설 등이 섞여 있다. 음양지리나 풍수도참설도 그 아류에 속하는 것들이다. 이것들은 초기 도교의 성립에 따라 다시 체계화되었다. 우리나라에도 이들 예언설이 중국으로부터 전래되었는데, 신라 말의 도선道詵. 827~898이 대표적 인물이다. 그는 중국에서 기원한 참위설을 골자로 "지리는 장소에 따라 쇠왕衰旺이 있고 순역順逆이 있다."라는 비기도참서秘記圖讖書를 남긴 바 있다.

풍수지리사상의 외부유입설을 주장하는 사람들이나 직업적 지관地官들은 한결같이 중국으로부터의 유입을 기정사실로 받아들이고 있다. 다만 유입 시기가 삼국시대이거나 통일신라시대 이후일 것이라는 시기상의 차이가 있을 뿐이다. 한국풍수사상의 전설적인 원조로는 역시 옥룡자 도선을 꼽고 있지만, 이미 그 이전에 우리나라에 풍수사상이 도입된 것으로 추측된다. 초기의 한국풍수는 후삼국시대에 이르러 지방 호족들에게 대거 수용되었다. 이들은 자신들이 거주하고 있는 지역을 명당으로 내세우는 경향이 있었는데, 이는 고려 태조 왕건의 훈요십조 중 제8조를 통하여 충분히 유추될 수 있다.

고려시대에 새로운 모습으로 나타난 한국풍수사상의 이론적 특징은 풍수를 습득하고 있던 승려들과 불교를 국시로 정한 고려왕실이 결탁하여 소위 호국불교護國佛敎라는 기치 아래 풍수적으로 결함이 있는 국토에 사탑을 건립하여 보완하는 이른바 사탑비보풍수寺塔裨補風水가 발달하였다는 것이다. 또 하나의 특징은 이미 삼국시대 초기에 도입되었던 도참사상과 풍수지리사상이 결합하게 되었다는 점을 꼽을 수 있다. 요컨대, 왕조의 흥망성쇠를 예견하는 시간적 도참과 땅의 지기에 의거하는 공간적 풍수사상은 왕업王業을 연장하고자 진력한 고려왕실에 적극적으로 수용되어 왕도풍수王都風水를 연출해 냈던 것이다(이몽일, 1991, p.264).

반면, 조선시대의 풍수사상은 종전의 그것과는 다른 양상을 보였다. 즉 음택풍수陰宅風水가 급격히 성행하여 대중화된 것이다. 삼국시대와 고려시대에도 음택풍수가 전혀 없었던 것은 아니지만 당시에는 주로 왕실과 귀족계급, 승려들에게 한정된 것이었다. 조선 초기만 하더라도 도읍지 선정과 관련된 도읍풍수와 양택풍수가 풍수사상의 주류를 이루고 있었으나, 조선 중기로 접어들면서 음택풍수가 급속히 보급되기 시작하여 대중화의 길이 열리게 되었다. 또한 조선시대의 풍수는 임진왜란과 병자호란 등의 사회적 혼란에 영향을 받아 『정감록鄭鑑錄』과 십승지풍수十勝地風水와 같은 풍수도참설이 대두하여 백성을 대상으로 한 풍수사상의 저변화가 확산되었다. 또한 취락입지에서 산악숭배사상에 뿌리를 둔 진산鎭山의 관념과 풍수사상에 근거한 주산主山의 관념이 중첩되었다는 사실도 조선시대 풍수사상의 특징이라고 할 수 있다(이몽일, 1991, p.265).

이상에서 살펴본 바와 같이 고대로부터 중세로 내려오면서 한국풍수에 약간의 변화는 있었지만 획기적 변화는 찾아볼 수 없었다. 다만 풍수사상이 왕족 및 귀족적 사상으로부터 일반 백성의 저변까지 대중화되었다는 것은 큰 변화라 할 수 있을 것 같다. 여기서 한국풍수란 정확히 한국적 풍수라 표현해야 맞을지도 모르겠다. 왜냐하면 중국의 풍수이론에 없는 물水脈풍수가 한국풍수사상에는 포함되어 있기 때문이다. 또 한국의 전통적 산악숭배사상에서 거론되는 진산의 개념 역시 한국의 주산 개념에서 연유되었다.

　현존하는 문헌 중 풍수지리설의 존재를 입증하는 것은 798년 최치원이 처음 기록한 숭복사崇福寺 비문이다. 이를 근거로 이병도(1959, p.28)와 이용범(1981, p.272)은 풍수사상이 신라 통일 이후 당나라와의 문화적 교류가 빈번하던 시기에 비로소 전래된 것으로 보았으며, 이찬(1970)은 통일신라 전후경으로 추정하였다. 또한 노도양(1970, p.76)과 박종홍(1974, p.90)은 『삼국사기』탈해 이사금조에 나오는 탈해脫解가 겸지지리兼知地理하였다는 대목이 곧 풍수지리를 이미 알고 있었다는 뜻이므로 A.D. 57년 신라에 풍수지리사상이 도입된 것이라 풀이하였다. 윤홍기(2011)는 역사학자 이기백(1994)의 주장이 한국 내 사료에만 근거를 두고 풍수지리설의 한국 전래 시기를 8세기 이후로 본 것 같다고 하였다. 또한 중국과 한국과 일본의 문화 교류 관계를 고려해 볼 때 삼국시대 또는 그 이전에, 아무리 늦어도 A.D. 700년대 이전에는 풍수지리설이 우리나라에 도입되었다고 반박하였다.

　풍수지리사상의 유입 시기를 삼국시대로 잡는 학자들은 고구려 고분벽화의 사신도四神圖와 백제의 풍수지리서, 신라의 『삼국유사』의 내용 등을 그 근거로 내세우고 있다. 그러나 그와 같은 사실은 풍수설이 중국에서 유입되었다는 증거로도 미흡할 뿐 아니라 오히려 자연발생설에 의한 자생풍수自生風水의 존재를 확인해줄 뿐이다.

　만약 풍수의 외부유입설을 인정한다면, 우리 민족은 중국풍수가 유입되기 전에는 장소를 가리지 않고 아무 곳에나 집을 짓거나 마을을 건설했다는 결론이 나온다. 그러나 오랫동안 이 땅에서 살아온 사람들이 장소를 가리지 않고 아무 곳에나 집을 짓고 마을을 만들었을 리

만무하다. 따라서 당나라로부터 각종 예언설豫言說이 유입되기 이전에 이미 우리 민족 내부에서 자연발생적으로 형성된 풍수사상이 존재했을 것으로 추정할 수 있다. 비록 '풍수'라는 용어를 사용하지 않았더라도 그것이 바로 우리의 자생풍수였던 것이다.

이러한 사실들을 종합해 보면, 비록 '풍수'라는 용어는 사용되지 않았을지라도 고대부터 전래되어 온 한민족 고유의 풍수지리사상이 널리 보급되었고, 그 상태에서 고구려와 백제 혹은 신라에 이론화된 풍수설이 중국으로부터 도입된 것으로 추정할 수 있다. 외부유입설을 신봉하는 학자들 중 일부가 당나라의 풍수설이 비교적 뒤늦게 통일신라시대에 전해졌다고 보는 이유는 신라의 수도였던 서라벌경주의 왕릉 터가 유독 풍수적 지기와 관련이 없는 위치에 자리 잡고 있기 때문이다. 다시 말해서 우리나라 고유의 자생풍수에 중국의 이론풍수가 혼합된 시기는 통일신라 무렵으로 추정할 수 있다는 것이다.

풍수지리사상은 본래 지리가 운명을 결정한다는 생각에서 출발하였고, 거기에는 그 나름대로의 이유와 설명이 있다. 풍수에서의 여러 설명들이 정치적 현실 문제와 연결되어 나타나는 것을 보면 거의 전부가 당당한 모습으로 비추어지고 있다. 즉 풍수와 정치와의 만남 속에서 풍수사상은 자신의 모습을 덮어 둘 수 있을 뿐만 아니라 굳건한 지위까지도 획득할 수 있었다. 그것은 풍수가가 정치가의 권력에 의지할 수 있었기 때문이다. 이런 현상은 고려의 왕권강화책이나 조선왕조의 탐욕적 음택풍수陰宅風水로 나타났을 뿐만 아니라 오늘날에도 이어지고 있다.

조선시대의 풍수사상이 고려 말부터 음택풍수의 폐단으로 사회적

물의를 일으켜 온 것이 사실이다. 그러나 한국의 풍수사상은 마치 묘지풍수 또는 음택풍수가 전부인 양 미신으로 치부되어 비판받는 경향이 있는 것 또한 사실이다. 1980년대에 들어 풍수를 재해석하려는 시도가 학계에서 일어난 바 있다. 풍수사상이 우리의 조상들이 깊이 믿어 온 사상의 지나간 잔재에 불과하다는 생각은 한국풍수를 폄하하는 일이 될 수도 있다는 것이다.

한국인의 풍수사상은 사실 오랜 시간의 흐름 속에서 많은 변모를 거쳤다. 물론 풍수사상의 내용 중에는 그대로 명맥을 잇는 것도 없지는 않겠지만, 불교와 유교, 기독교사상과 과학주의라는 사회적 사상의 변천사의 측면에서 보았을 때 풍수사상이 변화하는 것은 어쩌면 당연한 것일지도 모르겠다. 여기에 농업 위주의 국가로부터 상공업 위주의 국가로의 변모와 아울러 민주주의 국가로의 변모 역시 한국인의 사상체계에 영향을 미쳤을 것이다(이몽일, 1991, p.263).

그럼에도 불구하고 한국인이라면 대부분 일상생활에서 풍수사상의 영향을 자신도 모르게 받고 있다. 각급 학교의 교가校歌에서 반드시 "○○산 정기를 이어 받은……" 운운하는 가사가 등장하는 것도 한국인의 풍수적 정서를 반영하는 것이라 할 수 있다. 이는 각급 학교에서 교육을 받는 학생들이 학교 주변의 산으로부터 정기를 받고 자라야 좋다는 의미로 받아들일 수 있다. 산의 정기精氣란 산에서 뿜어 나오는 지기를 가리킨다.

원래 풍수는 온화하고 유순한 주위의 산, 부드러우며 유유히 흐르는 물, 아름다운 경치와 따사롭게 비치는 햇볕, 드높은 하늘과 상쾌한 바람이 있는 아늑하고 시원하게 트인 땅을 찾는 입지론에 다름 아니다. 우리는 이러한 풍수의 본질을 왜곡하여 조상의 유골이 받은 지세가 후손에게 전달되고 그 음덕陰德으로 복을 받는다는 동기감응론同氣感應論을 받아들일 수 없다. 이는 풍수사상을 빙자한 사기이며 잡술에 불과하다.

그렇다면 우리 민족이 우리의 터전에서 지형 순화와 기후 순화를 거치면서 자연스럽게 터득하게 된 순수한 주택입지 및 취락입지사상은 무엇이었을까. 과연 우리 민족에게는 중국식 풍수사상이나 변형된 중국식 풍수사상만 존재하였는가. 한민족이 그들의 터전에 적응하면서 또 기후를 극복하면서 형성한 적응의 노하우는 무엇이었을까. 그것이 바로 후술하려는 '두모사상'이다.

'두모'의 어원적 의미와 음운체계

'두모'의 어원적 의미

지명 가운데 오랜 기간에 걸쳐 존재해 온 고지명古地名 혹은 옛 지명은 언어의 기층基層을 이루는 경우가 많다. '기층언어'란 한 민족이 원래의 언어를 버리고 다른 언어를 새로 배워 쓰거나, 외국어를 배울 때에 새 언어에 얼마간의 영향을 주는 원래의 언어를 의미한다. 그러므로 지명은 일반적인 방언보다 더 값진 오래된 고층古層의 언어 형태를 탐색해 낼 수 있는 지형의 노두露頭에 해당한다(鏡味, 1984). 바꾸어 말하면, 지리학의 지형 연구에서 지표 위에 노출된 노두의 발견과 분석이 지질구조의 형성 과정을 밝히는 열쇠가 되듯이, 고지명은 변화된 언어의 원형을 밝혀 주는 실마리를 제공해 준다.

상고시대의 우리 민족은 고유의 문자가 없었으므로 중국의 한자를 빌어 사용할 수밖에 없었음은 주지하는 바와 같다. 한자 및 한문을 우리 민족이 언제부터 사용했는지는 불분명하지만, 불교의 전래 시기보다는 빨랐을 것으로 추정된다. 일반 백성에게는 한자의 대중화가 불교의 전래보다 늦어졌으나, 위정자들은 이미 자신의 의지나 감정을 한문으로 표현할 수 있었을 것이다. 그러나 인명人名, 지명地名, 관직명官職名, 국명國名 등의 고유명사는 원음에 가까운 한자의 음훈音訓만을 빌어 표기하였다. 『삼국사기』의 지명이 한민족의 고유어와 한자로 병기된 것은 그 때문이다.

한자의 유입이 불교의 전래보다 빨랐을 것이라는 추정은 B.C. 1세기 한무제漢武帝 때에 다수의 한인漢人들이 한반도에 유입되었다는 것에 근거한 것이다. 우리나라에서 한자의 음훈차용법音訓借用法은 대체로 3~4세기경에 완성되었으며, 신라는 시행착오를 거쳐 6세기경에 한자음훈의 자국어화自國語化로 이두吏讀를 만들었다(김사엽, 1979a). 또한 지명은 8세기 중엽에 이르러 당식唐式의 한자로 개칭되었고, 아마 현지 주민들의 구전과정口傳過程에서 와전되거나 변형될 수밖에 없었을 것이다.

본서에서는 '두모사상'이라 명명된 옛 지명 '두모'가 언제부터 한민족과 함께하기 시작했으며, 그것이 지닌 어원적 의미는 무엇인가에 대하여 고찰하는 것이 중요하다. 우리 민족과 반만년을 함께 해 온 '두모'란 무슨 의미를 지닌 말일까? 과연 우리 민족의 터잡기 방법이 두모사상에 있었을까?

이를 규명하기 위해 저자는 먼저 기존의 선행연구와 고문헌 및 각종 지도를 이용하였고, 속지명屬地名과 종지명種地名의 구분 없이 모든 두모계 지명을 분석 대상으로 삼았다(Burril, 1956). 그 이유는 두모계 지명이 한반도뿐만 아니라 동아시아 전역에 걸쳐 나타나고 있기 때문이다. 또한 속지명도 분석 대상으로 삼은 것은 지명에서는 아직까지도 한자 지명과 속지명의 이중 체제가 유지되고 있기 때문이다. 가령 '대전大田', '마포麻浦'가 일반적이지만, '한밭', '삼개'도 아주 잊혀진 것은 아니다. 본서에서는 지명 채집을 위하여 국토지리정보원 발행의 지형도를 비롯하여 대동여지도, 구한말에 측량된 제1차 지형도, 일제하에 작성된 제3차 지형도를 이용하였으며, 이밖에도 『삼국사기지리지三國史記地理志』, 『세종실록지리지世宗實錄地理志』, 『동국여지승람東國輿地勝覽』 등의 고문헌을 참고하였다.

　본서에서는 두모계 지명의 기원을 각종 사료에 근거하여 부여 혹은 고구려까지 소급해 보았다. '두모계 지명'이란 시간과 공간에 따라 '두모'란 발음이 '두머', '도모', '도무' 등과 같이 다양하게 변형되었으나 크게 보아 동일어로 간주되는 일련의 지명을 통틀어 표현한 것이다. 두모계 지명 전파의 가설을 입증하기 위해서는 전술한 바와 같이 우리나라는 물론 만주, 몽골, 중국, 일본 등의 고문헌과 연구결과를 참고할 필요가 있었다.

　기원전 북부여의 언어를 파악하기 위해서는 몽골어에 관한 이해도 필요하겠지만, 고대 몽골어는 안타깝게도 13세기 이전에 이미 소멸되어 오늘날까지 전해 내려오는 것이 없다. 또한 퉁구스어는 시베리아 동부 지방을 위시하여 헤이룽 강黑龍江 유역과 만주 등지에 걸친 주민들이 사용하던 언어이지만, 이들 퉁구스어족의 언어는 유감스럽게도 최근에 이르러서야 문자로 기록되었으므로 그 발달사의 파악이 불가능하다. 단지 만주어만이 청나라가 건국되면서부터 문자로 기록되어 남아 있을 뿐이다.

이보다 앞선 시기에 금나라를 건국한 여진족이 그들의 문자를 만든 바 있다. 그리고 터키어의 오래된 자료로는 룬 문자Runic scrip로 쓰여진 금석문金石文이 있는데, 그 가운데 가장 오래된 것은 대략 8세기까지 거슬러 올라갈 수 있다(金思燁, 1979). 그러나 이것에 대한 선행연구가 부족한 탓에 두모계 지명 연구에 도움이 되지는 못한다.

이와 같은 악조건에서 '두모'가 지닌 의미를 규명하기 위해서는 음운학音韻學의 관점에서 파악해야 할 것이다. 이를 위하여 특히 원시기본어原始基本語 가운데 '두'에 해당하는 초성初聲 d 또는 t 음계와 '모'에 해당하는 m 음계에 초점을 맞추어 고찰할 필요가 있다. 이 두 음절이 두모의 뜻을 파악할 수 있게 해 주는 키워드가 된다. 먼저 d(t) 음계에 대하여 살펴보기로 하겠다.

지금은 사용되지 않고 있는 알타이어 계통의 만주어에서 tu-wa(불), ta-pum-pi(불을 지피다), 일본어에서 [ta-ki-gi]たきぎ(장작), [ta-ku]たく(끓이다), [ata-ta-kai]あたたかい(따뜻하다), [te-ru]てる(비추다), [a-ts-i]あつい(덥다) 등의 기본어基本語를 찾아볼 수 있다. 그리고 한국어에서는 ta-sa-ta(따뜻하다)를 비롯하여 təj-ta(덥히다), ta-li-ta(끓이다), ti-ta(데다), təj-ta(화상 입다), toj-ta(되다), tï-kïp-ta(뜨겁다), təp-ta(덥다), ta(따: 땅), tï-ru(들) 등과 같이 수많은 t 음계 단어를 찾아볼 수 있다. 이들 대부분은 형용사에 해당하는 기본어이다. 여기서 'ï'는 '귀'에 해당하는 발음이고 현대어의 '뜨겁다'는 원래 '뛰귑다'로, '들'은 '뒤루' 또는 '드루'라 발음되었다. 또 현대어의 '덥히다'는 '더히다'로 발음되었던 것으로 추정된다. 이러한 현상은 고대 한국어에 오늘날의

일본어처럼 받침이 없는 발음이 많았음을 암시하는 것이다. 예컨대, 일본인들이 한국의 '김치'를 '기무치'라 발음하는 것과 유사하다.

한국의 고대어 가운데 초성 t 음계의 기본어에 해당하는 명사를 찾아보면, ta-ra/tsu-ru(들, 벌판, 평야), ta-ra/tɔ-rɔ(취락·산·읍, tu-ru/to-ri/tu-ri(원) 등이 있다. 이것들은 몽골어의 tu-ra와 비교되는 고대어이며(이병선, 1988), 땅 혹은 공간을 의미하는 기본어임을 확인할 수 있다. 한민족이 거주하던 땅과 공간은 대부분 산으로 구성된 토지였으나, 예맥족이 활동하던 공간은 오늘날 중국의 동북 3성을 포함하는 토지였다.

이상에서 열거한 기본어에는 두 가지 공통된 의미가 담겨져 있음을 알 수 있다. 즉 형용사의 경우는 대체로 불이나 태양과 관련한 '따뜻함'의 의미를, 명사의 경우는 토지·산·취락과 관련한 땅의 의미를 담고 있다. 산이 국토 또는 취락이라는 의미와 동의어로 사용된 까닭은 우리나라의 취락이 대부분 산을 끼고 형성되었기 때문이다. 두모의 첫머리 글자 d(t) 음계의 의미가 어느 정도 이해되었다면, 다음으로 '모'에 해당하는 m 음계에 관하여 고찰해 보기로 하겠다.

알타이어 계통의 초성 m 음계에서 찾아볼 수 있는 공통된 의미는 물水과 관련한 기본어가 가장 많다. 만주어의 mu-ke와 퉁구스어 및 터키어의 mu는 모두 물을 뜻하는 단어들이다. 그리고 한국어에서는 mïl(물), ma(마: 장마), mu-t(뭍: 땅, 육지)을 비롯하여 u-mïl(우물), mot(연못), mi-na-li(미나리), mï-ci-ke(무지개) 등이 있다. 미나리와 무지개 모두 물과 관련한 단어들임을 알 수 있다. 여기서도 현대어의 '물'은 '뮐', '우물'은 '우뮐', '무지개'는 '뮈지개'로 발음되었다. 또한 masi-ta(마시다), mʌ-lʌ-ta(마르다), malk-ta(맑다), man-hʌ-ta(많다), mu-lï-ta(무르다), mulk-ta(묽다), mə-kïm-ta(머금다) 등을 꼽을 수 있다. 여기서 '많다'는 '물이 많다'라는 의미이다. 이들 동사와 형용사는 모두 물과 관련된 것들이다.

한국어와 어원적으로 밀접한 관련이 있는 일본어의 경우는 [mi-zu] みず(물)를 비롯하여 [u-mi]うみ(바다), [a-me]あめ(비, 바다), [ma-ze-lu]まぜる(섞다), [izu-mi]いずみ(샘), [mu-su]むす(증발) 등이 있다. 여기서 '섞다'는 '물을 섞다'이며, '증발'은 '물의 증발'을 뜻하므로 모두 물과 관련된 단어들이다.

이와는 달리 일본어에서는 주거가 무리를 지어 있는 곳을 가리켜 'ムラ'라고 하는데, 이는 [mura]로 발음되며 한자로는 '村'이라 표기한다. 이것은 '모이다' 또는 '동족同族'의 관념으로부터 소촌小村·향鄕·리里를 지칭하게 된 거란어契丹語의 moli 혹은 mili, 만주어의 mukun, 여진어의 mouk'o, 한국어의 마을(mal, mol, mul) 등과 같은 물(mul)어군語群을 형성하고 있다. 이것으로 보아 동아시아 동이족들의 언어 가운데 m 음계에는 취락과 관련된 것도 있음을 알 수 있는데, 이것은 취락의 입지조건 중 물의 존재와의 관련성을 시사하는 것으로 해석할 수 있을 것 같다.

이와 같은 현상은 비단 동아시아뿐 아니라 서양 언어에서도 찾아볼 수 있다. 장소place를 의미하는 리투아니아어·라트비아어의 vieta는 '쉬다' 또는 '거주하다'를 의미하는 슬라브어의 vitati와 어원을 같이하는 단어이며, 인도-유럽어족의 vieta어군에 속하고 있다. 인도-유럽어족의 '장소'를 의미하는 단어의 대부분은 '세워져 있다', '가다', '도달하다', '쉬다' 등을 뜻하는 말에서 유래하였다(椙村, 1992, pp.407–408). 한자문화권에서도 '처處'라는 글자는 '걸어가다'와 '멈추어 쉬다'라는 두 가지 관념에서 유래한 것과 비슷하여, 원래는 거처居處를 지칭한 것이었다. 이와 같은 경우에서 보는 것처럼 인도-유럽어족에 속하는 특정 언어와 한국어 내지 한자문화권 언어의 용어개념이 어원적으로 동일한 관념에 뿌리를 두고 있는 것은, 이들 민족의 접촉의 결과라기보다 동일한 인간성에 기초한 결과라고 해석하는 편이 적절하다고 판단된다.

이상에서 거론한 사례에서 m 음계는 파생어로 활용되면서 mu, mi, mï, moj, ma, mo 등으로 다양하게 전음轉音되며, 이들은 대부분 물과 관련한 것들임을 알 수 있다. 그리고 m 음계 가운데 한국어와 일본어가 대응하는 마을-무라, 마루-무로, 뫼-야마, 물-미즈 등도 있음을 염두에 두어야 한다. 여기서 우리들이 유의해야 할 것은 고어古語라 하여 모두 고대어古代語로 보아서는 안 된다는 점이다. 고어에는 중세어뿐만 아니라 근세어가 포함되어 있기 때문이다. 특히 '뫼'는 고대어가 아닌 중세어이다. 산을 뜻하는 '뫼'는 모·모이·모로>뫼·메의 음운변천 과정에서 연유된 것이며, 물水을 의미하는 '뫼' 역시 m 음계에서 파생된 언어이다. 『계림유사鷄林類事』에 의하면, '수왈매水曰每'라 하였으므로 적어도 중세 초기까지는 물을 '매', 즉 '뫼(moj)'라고 일컬었던 것 같다. 따라서 산과 물이 모두 '뫼'의 m 음계에서 유래한 어휘임을 알 수 있다. 주로 산악지대에 거주했던 우리의 조상들은 물, 즉 하천의 근원이 산에 있으므로 그것을 모두 '뫼'라고 불렀던 모양이다.

『계림유사』는 중국 송나라의 봉사고려국신서장관奉使高麗國信書狀官이던 손목孫穆이 고려를 다녀간 후 편찬한 견문록이자 어휘집인데, 여기에 나오는 고려어의 한자 차음표기의 예로는 '귀왈기심鬼曰幾心,' '두왈 말斗曰抹', '궁왈활弓曰活', '백왈온百曰溫', '산왈매山曰每' 등이 있다. 즉 귀=기심신 혹은 귀심신, 두=말, 궁=활이라는 것이다. 전통적인 차자표기법借字表記法과는 성질이 다른 것이지만 한자음을 이용한 국어표기라는 공통점을 가지고 있다. 『계림유사』는 고려어에 대한 연구자료로서 가치가 있는 자료이다.

알타이어 계통의 언어에서 물과 관련된 것은 대부분 m 음계이지만, 한편으로는 n 음계도 많이 찾아볼 수 있다. 한국어의 nai(내, 川), na-lak(나락), nun(눈, 雪), nok-ta(녹다) 등을 비롯하여 일본어의 [na-ga-lu]ながる(흐르다), [nu-ma]ぬま(늪·연못), [no-mu]のむ(마시다), [nu-lu-i]ぬるい(따뜻하다), [no-li]のり(김) 등이 그것이다. 또한 퉁구스어의 na-mu와 몽골어의 nam은 바다를 뜻하고, 몽골어의 na-gor과 터키어의 na-hor는 내川를 의미하는 단어이다. 이것으로 n 음계 역시 m 음계와 마찬가지로 물과 관련된 어휘가 많음을 알 수 있다.

유럽어군에 속하는 에스토니아어 saar는 '섬'을 의미하는 리투아니아어 및 라트비아어 sala와 함께 켈트=게르만계의 saar어군을 형성하며, 독일을 가로질러 흐르는 하천을 지칭하는 Saar, Saare, 영국의 Sarre 등과 어원을 같이 하고 있다. 에스토니아 영토인 사아레마Saaremaa 섬의 지명을 위시하여 핀란드 영토인 올란드Aland 섬의 지명은 모두 eyland어군에 속한다. 섬島은 '물 속에 있는 육지a land in water'라는 관념에 뿌리를 두고, 각각 물water을 의미하는 saare, ahvenan나 'a+land'를 의미하는 maa 혹은 land의 합성어로써 특정한 섬을 가리키는 고유명사가 되었다. 발트 해 동안 지역의 섬을 뜻하는 saar어군에서는 섬을 지칭한 saaremaa 등의 단어에서 육지를 의미하는 -maa가 탈락하여 '물' 또는 '흐름'을 의미하는 단어만으로 섬을 지칭하는 단어가 되었다(梧村, 1985, pp.102–108). 여기서 우리는 유럽어군에서도 m음계인 '마(maa)' 음이 물과 관련되었다는 공통적 관념을 확인할 수 있다.

지금까지 열거한 t 음계와 m 음계를 합성해 보면, 들·취락·읍 또는 태양·따뜻함을 뜻하는 의미와 물이라는 의미의 합성이 되므로 '두모'의 개략적 의미가 어느 정도는 유추될 수 있다. 즉 산이 둘러쳐 차가운 바람을 막아 주고 생활용수 및 농업용수를 공급해 주는 하천이 흐르는 따뜻한 공간, 그곳에 자리 잡은 취락의 이미지가 떠오를 것이다. 우리의 고대민족인 예맥족은 유목 퉁구스의 전통이 강하게 남아 있을 무렵에 몽골고원 또는 북만주에서 불어오는 황사와 차가운 시베리아 고기압이 만들어 내는 강풍으로부터 스스로를 보호하고 건조한 자연환경에 적응해야만 하였을 것이다.

이와 같이 우리의 고대민족은 지형순화와 기후순화의 과정에서 특유의 지혜를 터득했을 것이며, 그것은 주택입지에서 취락입지로 발전되어 나아갔을 것이다. 인간이 주어진 지형에 적응하고 기후 환경에 익숙해지는 것을 지형순화地形順化 또는 기후순화氣候順化라 부른다. 수천 년에 걸쳐 몸에 밴 이러한 순화력은 한민족의 또 다른 자원이 되었다. 오늘날, 사막기후는 물론 열대기후나 냉대기후지역을 가리지 않고 우리의 해외 파견 근로자들이 노동력을 극대화할 수 있는 것은 바로 기후순화에 바탕을 둔 기후 자원을 지니고 있기 때문이다.

고기후학적古氣候學的 관점에서 우리 민족의 원류는 마지막 빙하기 때 북쪽의 한랭해지는 기후를 피하여 기존의 주민을 구축하거나 동화시키면서 한반도에 정착한 것으로 밝혀진 바 있다(김정배, 1973; 김원룡, 1976). 결과적으로 '따뜻한 남쪽 땅'이라는 한민족의 원형적 사고관념原型的 思考觀念은 '두모'라 요약되는 입지술立地術을 잉태하였고, 이러한 취락입지법은 고대민족에 의해 일본 열도로 건너가 규슈·나라·교토에도 적용되었을 것이라는 추론을 세울 수 있다.

저자는 우리나라 고대국가의 도읍지를 비롯한 대부분의 주요 취락이 분지입지盆地立地인 까닭을 '두모'와 관련지어 생각하고 싶다. 바람을 막아 주는 산이 둘러쳐 있고 그 내부공간에 하천이 흐르는 이른바 '두모식 지형'은 한민족의 몸에 밴 입지관념으로 자리하였다. 이와 같은 관념은 중세와 근세를 거치면서 한국인의 취락입지사상으로 뿌리를 내리게 되었을 뿐만 아니라, 오늘날에는 곳곳에 두모계 지명을 남기거나 다른 낱말로 전의되었다.

'두모'의 어원을 '더미'계 지명으로 분류한 이영택(1986)은 흙더미, 산더미, 무덤 등에서 알 수 있듯이 큰 흙덩어리가 쌓여서 언덕이 된 곳이라고 주장하였다. 이와는 달리 한국의 고지명 음운상관망音韻相關網을 작성하여 분석한 미쓰오카(光岡, 1982, p.189)는 '두모'와 '더미'가 음운적 상관은 있지만 계열을 달리하는 것으로 분류하였다. 저자의 판단으로는 두 계열이 전혀 상관이 없다고 보기에는 무리가 있을 것으로 생각한다.

두모계 지명의 형태적 의미에 대하여 김사엽(1979)은 중국의『위지동이전魏志東夷傳』중 왜인전倭人傳에 기록된 일본의 고지명 38개를 분석하여 일본의 고대국가 도우마投馬와 이즈미和泉를 두모계의 음운으로 보고 그 의미를 둥그런 원 또는 사위四圍로 인식하였다. 여기서 '사위'란 네 방향을 가리키므로 고대인들의 방위의식 또는 풍수설과 관련지어 해석할 여지가 있다. 그리고 그는 일본의 출운出雲, 낙랑군의 사두미邪頭昧, 제주도의 고지명 탐라耽羅를 모두 두모계 지명으로 간주하였다. 이 계열의 지명은 동이족의 분포지역인 만주, 한반도, 일본 열도에 걸쳐 광역적으로 분포하고 있다. 여기서 두모계 지명이 한반도뿐만 아니라 동아시아에 광역적으로 확산되어 있음을 명심해 둘 필요성이 있다.

일본의 '출운'은 훈訓이 이두모以豆毛인데, '이'는 아무런 의미가 없는 접두어에 불과하여 '두모'가 되므로 두모계 지명임이 분명하다(池邊. 1966). 김사엽(1979)은 고대인들이 취락입지상 적지適地 또는 길지吉地로 판단되는 신성한 토지를 '두모'로 인식했음을 지적하였다. 구체적으로 '두모'는 지형상 삼방산三方山으로 둘러싸이고 그 앞쪽에 하천이나 바다에 위치한 장소를 뜻한다는 것이다. 그는 '출운'의 음독 중 '이즈'의 '이靈'와 '즈主'로 신성토지설神聖土地說을 주장하였다. 이와 마찬가지로 카가미(鏡味. 1964)는 출운의 훈訓인 '이두모以豆毛'의 뜻 자체가 신성한 토지를 의미한다고 풀이하였고, 이케다池田는 일본 출운향出雲鄕의 지형으로부터 유추하여 두모를 단端 또는 엄면嚴面으로 풀이하여 절벽에 면해 있는 두모식 지형으로 해석하였다(楠原 등. 1981). 또한 지명의 지형별 근원어根源語를 재구성한 천소영(1990)은 tu-ra를 산 혹은 높음의 의미로, ta-mu를 원형을 이루는 지형으로 간주하였다.

출운풍토기出雲風土記에 '出雲'이라 명명한 이유는 야쓰가미즈오미쓰

노미코토八束水臣津野命가 이곳을 "八雲立つ"라 했으므로 야쿠모다쓰八 雲立つ의 의미인 '출운'이라 하였기 때문이다. 고사기古事記에 의하면 그 는 일본신화 중 중요한 신으로 섬겨지는 스산오미코토須佐之男命의 4 대손으로 알려져 있다(吉崎, 1988, pp.121). 야마오카(山岡, 1904)는 '이즈伊豆' 와 마찬가지로 '출운'이 바다로 향한 돌출부에 명명된 지명임을 근거 로 한반도 유래설을 제시하였다(吉崎, 1988). 요시다(吉田, 1909)는 '雲' 한자 는 '모'의 차음借音이라기보다 고어古語에 '雲'을 '모'라 읽었기 때문이라 고 하며, 이즈모(이두모)는 '엄운嚴雲', 즉 '이쓰모'일 것이라고 추정하 였다.

이와는 달리 카가미(鏡味, 1964)는 '이즈'의 '이'는 영靈, '즈'는 주主를 가 리키는 것으로 영적 소유주의 땅이므로 신성한 토지를 의미한다고 역 설하였다. 이들의 주장은 다시 말해서 이즈모＞이쓰모＞이두모로의 변천 과정을 설명한 것이다. 일본어의 ず(zu)가 づ(zu)와 발음이 동일 한데, つ(ts)는 한글의 '쓰'나 '드'와 호환이 가능한 발음이다.

한라산의 옛 지명은 두모산 혹은 두모악豆毛岳이었다. 제주도의 고 지명인 탐라가 두모계 지명임을 알면 금방 수긍이 갈 것이다. 탐라가 두모계 지명임을 뒷받침하는 증거는『삼국사기지리지三國史記地理志』의 양무陽武에서 찾아볼 수 있다.

陽武郡本百濟道武郡
景德王改名今道康郡
……
耽羅縣本百濟東音縣

위의 기사 내용으로 보아 '도무道武=탐耽=동음東音'의 등식이 성립함을 알 수 있다. 즉 '동음(tong-um)'은 '탐(tag-mu)'의 운미韻尾 즉, -m의 외파에 의한 이두식 표기임이 확실하다. '동'은 대개의 경우 이두에서 '도' 혹은 '두'의 음차音借로 사용되었으며, '동음'은 '도무'로 음독되기 마련이다. 따라서 '동음'은 '도무' 또는 '탐'으로 표기되는 두모계 지명인 것이다.

이와 동일한 사례는 하음 봉씨奉氏의 본거지인 강화군 하점면에서도 찾아볼 수 있다. 하점면은 본래 고구려의 동음나현冬音奈縣인데, 신라 경덕왕 때 호음沍陰으로 개명되었다. 고려 초에는 하음현이라 개명하였고, 뒤에 개성현으로부터 강화부로 관할이 바뀌면서 하음과 간점이 통폐합되어 하점면으로 정해졌다. 『고려사』권56에 "河陰縣本高句麗冬音奈顯……"에서 하음의 고구려 지명이 '동음'이라 하였는데, 이것 역시 제주도의 경우와 마찬가지로 '도무'로 음독되므로 두모계 지명임을 알 수 있다. 여기서 알 수 있는 것은 '동음'의 한자 차자가 '東音'이 아닌 '冬音'이라는 점이다. 이는 '東'과 '冬'이 모두 동일한 음音이므로 한자의 훈訓과 관계없이 차자借字되었음을 알 수 있다.

이러한 사실은 '탐耽'이 전라남도 강진의 고지명이었던 '도무'와 동일하다는 증거가 될 수 있다. tam은 본래 ta-mu에서 나온 발음이므로 to-mu와 동일한 음운이다. 이와는 달리 '탐라'를 둠ᄋ뫼＞두무뫼로 보는 견해도 있으나(배우리, 1994), '라羅'는 신라의 삼국통일 이후에 첨가된 것이거나 장소의 의미를 지닌 접미어이고(高野, 1989; 1996), '뫼'는 중세어이므로 '탐' 자체가 '두모' 또는 '두무' 등으로 음독되었을 것이라는 판단이 옳을 것이다.

『신증동국여지승람新增東國輿地勝覽』 제37권의 강진현을 보면, 도강현은 본래 백제의 도무군道武郡이었는데, 신라 때에 양무로 고쳤고, 고려 때에 도강현으로 바뀌어 영암군에 속하였으며, 명종 2년에 감무監務를 두었다는 기록이 나온다. 그리고 탐진현耽津縣은 본래 백제의 동음현東音縣이었는데, 신라 때에 탐진으로 고치고 양무군에 속하였다는 기록이 있다. 지명을 탐진으로 개명한 이유는 신라 문무왕 때 탐라국 왕자가 신라에 내조하여 강진 구강포에 정박한 것을 기념하기 위해 탐진으로 개칭하고 양무군에 예속시켰기 때문이다.

위의 내용에서 '도무=탐=동음'의 등식이 성립됨을 다시 한 번 확인할 수 있다. 또한 『고려사지리지高麗史地理志』의 57권에는 "탐라즉탐모라耽羅卽耽牟羅"임을 밝히고 있어 '탐耽'과 '탐모耽牟 또는 耽毛'는 거의 동일하게 음독되었던 것으로 생각된다. 이는 전술한 바와 같이 tam과 tam-mo의 관계와 동일하다.

한편, 『세종실록지리지世宗實錄地理志』 제주목濟州牧과 『신증동국여지승람』 한라산조漢拏山條에 다음과 같은 기록이 있다.

鎭山漢拏在州南一曰 頭無岳 ……

그리고

一云頭無岳以

峰峰皆也 ……

여기서 우리는 한라산의 지명이 두무악頭無岳임을 다시 한 번 확인할 수 있다. 또한 제주도는 경우에 따라 탐모耽毛와 탐몰耽沒로도 표기되는데, 이를 통해 tamo=tam-mol의 관계를 유추할 수 있다. 결국 제주의 고지명 표기는 백제, 통일신라, 고려, 조선시대를 거치면서 도무道武, 동음東音 > 탐耽 > 탐모耽牟 > 두무頭無로 바뀐 셈이다.

이와 같은 사실은 tɔm 또는 tʌm은 tɔ-cɔ, tɔ-mɔ, tu-mu 또는 tʌ-cɔ, tʌ-mu, tu-mo 등으로도 음독되었으리라는 추정을 낳게 한다. 이러한 유음화현상流音化現象은 고대한국어의 특징이기도 하다(馬淵知夫 외, 1979). 제주도의 고지명 두모는 중세까지 이어져 제주 출신의 주민들에게 확대되어 사용된 적이 있다. 즉 15세기 중엽에 제주도를 탈출하여 남해안 일대에 거주하던 사람들을 '두모악'이라 불렀던 적이 있다(한영국, 1981). 그들은 두모악豆毛岳, 두독야지豆禿也只, 두무악頭無惡 등으로 다양하게 표기되었다. 여기서는 두모(tu-mɔ)=두무(tu-mu)의 관계, 즉 모(mɔ)=무(mu)의 발음이 호환됨을 확인할 수 있다.

양주동(1963)은 동冬이 '드'와 '들'에 음차된다고 하며 '동음冬音'은 두 글자를 합용하여 '둠'과 관련된 지명에 음차한 사례가 많음을 지적하였다. 이는 '冬'뿐만 아니라 '東'의 경우도 마찬가지이다. 그는 『삼국사기지리지』에 나오는 탐진현전남 강진과 동음홀황해도 연백의 사례를 들어 풀이하였다. 결과적으로 둠두모계열의 지명은 둥금圓과 둘러싸임四圍의 의미로 풀이할 수 있으며, 지명에서 나타나는 두모계 지명은 모두 '둠tum'에서 옮아간 것으로 해석할 수 있다는 것이다. 그것은 『삼국사기지리지』의 기록처럼 동東=동음東音=도무道武라는 등식이 성립하기 때문인 것으로 풀이된다. 여기서 동은 tong이 아니라 tɔm > tɔ-mu로 발음되었으므로 동음의 발음 tɔ-mu와 같아진다.

이상에서 언급한 사실로부터 추론할 수 있는 것은 제주도의 입면·평면 형태가 둥근 타원형에 가까우므로 두모 또는 두무라 불렸을 것이며, 한라산 역시 두무악 혹은 두모산이라 불렸을 가능성이 높다는 것이다. 이 사실은 전술한 바와 같이 문헌에 의거한다면 확실하다. 여기서 두모악은 제주도를 가리킬 때에는 豆毛岳, 제주도 주민을 비하하여 지칭할 때는 豆毛惡으로 표기하였음을 밝혀 둔다(한영국, 1981, p.809).

일본에는 나라奈良시대에 한자의 음音과 훈訓을 빌어 그 이전부터 전해 내려온 노래를 기록한 『만엽집萬葉集』이란 것이 있다. 나라 시대란 일본 역사에서 나라에 수도가 있었던 710~784년을 가리키는데, 이 시대에는 불교문화가 화려한 꽃을 피웠으며 중국문화가 적극적으로 수용되었다. 당나라의 수도 장안長安을 본떠 건설된 나라에는 세련된 불교 조각품과 함께 거대한 불교사원이 세워졌다. 또한 한자와 한문학이 활발히 연구되었는데, 일본어를 표기하는 데 한자가 이용되었으며 많은 중국서적, 특히 불교경전의 사본이 만들어졌다. 역사서인 『고석기古事記』와 『일본서기日本書紀』가 편찬되었고 일본 가인歌人들의 노래 와카和歌를 모은 『만요슈萬葉集』라 불리는 『만엽집』이 만들어졌다.

이 만엽집의 14권과 24권을 분석한 이영희(1994)는 동국가東國歌에 나오는 '동국'과 일본 각지에 분포하는 '아즈마吾妻'를 두모계 지명으로 파악한 바 있다. '아즈마'의 '즈마'는 t(d)s-ma가 tu-ma이므로 두모계 지명임이 분명하다. 일본어에는 tu 또는 du에 해당하는 발음이 없다. 만약 이영희(1994)의 지적처럼 '동국'이 두모계 지명이라면, 우리나라를 '동국'이라 일컫는 것은 우리나라가 두모의 나라임을 의미한다는 결론이 내려진다.

대부분의 선행연구에서는 두모의 의미를 둥그라미圓, 사방四圍, 주변周邊, 높음高 등으로 해석하고 있으며, 고대어의 고유명사를 분석한 천소영(1990) 역시 두모의 원형인 tə-mu가 원을 뜻하는 명사라고 지적 하였다. 이것은 일본 열도로 건너가 玉·珠·頭·屯·妻·圓 등의 한자 로 차자되었다.

두모의 음운체계

한반도의 두모계 지명은 저자가 채집한 바에 의하면 산, 고개, 하천 인 것도 있으나 마을 명칭인 경우가 대부분이다. 두모와 같은 고지명 을 분석할 때에는 ① 음독音讀, ② 훈독訓讀, ③ 음훈병독音訓並讀, ④ 고 차자古借字, ⑤ 고훈古訓 가운데 어느 유형에 속하는가를 판단해야 하 며, 오랜 시간의 흐름 속에서 변질되었을 가능성을 염두에 두어야 한 다. 그러나 중국의 한자를 빌려 쓴 한국과 일본의 경우는 고유명사 를 표기할 때에 뜻보다는 소리를 중시한 것이 사실이다. 특히 지명, 인명, 관직명 등의 고유명사는 의역意譯함이 없이 음역音譯하여 본래 의 발음이 지닌 음성 형태를 그대로 옮기는 데에 중점을 두었다(김사엽. 1979). 따라서 고대에도 차자를 위해서는 고유어를 음절로 분석할 수 있는 능력이 뒷받침되어야 했을 것이다.

두모계 지명은 오늘날의 지형도상에 두머·두모·두마·드마·도 마·두무·두므·도무·도모 등으로 표기되거나 발음될 수 있으며, 드 물게는 도미·두만·들마·두문·동막 등으로 변형된 경우도 있다. 그 리고 한자로는 두모의 경우 豆毛·頭毛·斗毛·頭帽·斗母, 도마는 都

麻・刀馬・都磨・挑麻・桃馬, 그리고 두무는 頭茂・杜武・杜舞・斗武・杜霧・杜茂・豆無・斗無・斗霧 등으로 다양하게 표기되고 있다.

동일한 지명인 경우에도 동여도東與圖에는 頭毛와 都麻가, 대동여지도에는 豆毛와 都馬로 표기된 것을 보면, 한자의 차자는 음이 같은 경우에는 일정한 법칙 없이 혼용되거나 병용되었음을 알 수 있다. 그러므로 고대의 지명을 풀이할 때는 한자의 뜻풀이가 별 의미를 지니지 못한다.

두모계 지명에서 앞 음절 두・드・도와 뒷 음절 모・머・므・마・무 등은 모두 모음체계에서 변형된 것들이다. 실제로 저자가 지도상에서 채집한 모음체계의 변형 사례로는 경기도 파주시의 두만>두마, 경기도 남양주시의 두미>동막, 충북 중원군의 두모>두미, 충남 논산시의 두마>두계, 전남 보성군의 두모>동막, 경북 칠곡군의 석모>두무, 경기도 장단군과 경남 합천군, 강원도 양구군의 두모>두무, 강원도 강릉시의 도마>동막, 강원도 양구군의 두머>두무 등으로 대단히 많다. 이와 같은 음운의 변형은 알타이어계에 속하는 한국어 및 일본어에서 흔히 발생하는 현상이며, 특히 모음체계상에서의 변동이 심한 편이다(김방한, 1989, pp.61-63).

음운변화에서 '두' 또는 '도'가 '드'로 변화하거나, '모' 또는 '무'가 '므'로 변화하는 현상을 독일어에서 빌려와 '움라우트 현상'이라고 한다. 움라우트는 모음에 의한 모음의 동화同化현상이다. 움라우트는 독일어 'Umlau'에서 온 용어로 명사 'laut'는 '소리'라는 뜻이고 접두사 'um'은 '변화'라는 뜻으로서 'Umlaut'는 '변음・변모음'이라는 뜻이다. 고고古高 독일어나 고대 영어에 i, j 앞에 a, o, u가 각각 e, ø, y로 바뀌는 움라우트 현상이 있었다. 이 셋은 독일어 철자 ä, ö, ü로 적는데 철자의 명칭은 각각 a 움라우트, o 움라우트, u 움라우트이다.

우리나라에서 이 현상은 앞 음절에 있는 뒤 홀소리 a, ə, o, u 등이 뒤에 이어 오는 앞 홀소리높은 홀소리 i, y에 끌려, 앞 홀소리 ä, e, ö, ý들 사이에 닿소리가 하나 또는 둘이 끼어 있어야 한다(김윤학, 1996, p.298). 예를 들면, 비위를 거스를 만큼 음식이 기름기가 많을 때 '느끼하다'란 표현을 쓰는데, 이것은 '니끼하다'가 움라우트 되어 '느끼하다'로 변화된 것이다. 이러한 움라우트 현상은 지명에서도 많이 발견된다(김윤학, 1996, p.66). 오늘날에도 관북지방에서는 둥근 그릇을 '드므'라 부르고, 궁궐에는 관악산의 화기火氣를 막기 위해 둥근 가마솥 형태의 드므를 설치해 놓았다. 이러한 증거는 『평양지平壤誌』에서 찾아볼 수 있다.

初年備藏 水鐵頭毛四張 水鐵釜四……

이는 두모 4장과 무쇠로 만든 가마솥 4개를 비치해 두었다는 의미로, '두모'가 물을 담아 두는 가마솥을 의미하였음을 알 수 있다.

이와 유사한 사례는 강화도 화도면과 부여군 임천면의 드뭇골에서도 찾아볼 수 있다. '드뭇골'은 산이 둥그렇게 감싸고 있는 마을인 '두뭇골'이 변해서 생긴 지명이다(김윤학, 1996, p.187). 혹자는 마을이 드문드문 산재해 있다고 하여 '드뭇골'이라고 부른다고 주장하는 경우도 있으나, 이것은 '두무'에 '골'이 붙어 사이시옷이 들어감에 따라 '뭇'이 된 것에 불과하다. 그러므로 드뭇골 역시 두모계 지명임을 알 수 있다.

이러한 사례는 전남 완도의 두뭇골과 둠글 및 돔골, 전남 고흥의 둠말과 사잇돔, 전남 나주의 둠골, 경기도 개풍군 광덕면 광덕산 서쪽의 두문동 등에서 찾아볼 수 있다. 개성의 두문동杜門洞은 고려가 망하자 이곳에 살던 사람들이 문을 닫고 절의節義를 지켰기 때문에 명명된 지명으로 알려졌으나, 원래는 두뭇골에서 비롯된 지명이다. 이러한 현상을 국어학에서는 형태음운 중 평순모음화에 의한 변동으로 설명한다(김윤학, 1996, pp.218-224).

국어사전에는 드므를 '입구가 널찍하게 생긴 독'이라고 설명해 놓았다. 이것은 두무>드무>드므의 음운변화이거나, 두모>드모>드므의 음운변화일 것이다. 한국어에서 tu·to·tə 등은 ti로 변화하는 경우가 종종 발생한다. 이와 마찬가지로 mu·mo·mə 등도 mi로 변하여 'ma'에 가깝게 발음된다.

이러한 맥락에서 두모계 지명의 한자표기에 대하여 천소영(1990)은 접두어 및 독립어로 쓰일 경우에는 tə-mu 혹은 tü-mü로 음독되고, 접미어로 쓰일 경우는 tam 혹은 tüm으로 차음된다고 주장하였다. 따라서 두모의 '두' 음은 多·都·途·刀·豆·頭·斗·杜 등으로 차용되며, '모' 음은 摩·麻·莫·馬·牟·毛·母·彌·美·未 등으로 차용될 수 있다는 것이다. 이들 차용한자는 전술한 바 있는 지형도상의 두모계 표기와 대부분 일치하고 있다.

본서에서 수차례 지적한 바와 같이 우리나라에서 동막은 두모계 지명인 경우가 흔하다. 마니산 남쪽 흥왕리의 갯벌은 1800년대부터 간척사업이 시작된 곳이다. 해안선이 만입된 요곡부에는 대흥마을이 입지해 있어 이곳을 '두뭇개'라 부르는데, 이 지명은 두모계 지명이다.

강화도 양도면 건평리의 두무들 역시 두모계 지명이다. 이 일대의

사진 1 강화도 화도면 동막리 두뭇개의 위성사진

그림 1 강화도 화도면 동막리 두뭇개의 지형도

넓은 평야는 고려 말부터 간척사업이 시작된 곳으로 진강산과 퇴모산에서 발원한 인산천이 해안가의 노고산을 휘감아 황해로 흘러든다. 고려 현종대에 이 일대의 가릉언嘉陵堰과 장지언長池堰 등이 축조되었는데(최영준, 1997, pp.190~191), 장지언에 의해 조성된 평야가 두무들이고 가릉언이 가릉평이라 불리는 경작지이다. 퇴모산 역시 두모계 지명일 것으로 추정된다.

건평리乾坪里라는 지명은 주역의 기본 4괘인 건곤감리乾坤坎離에서 '건乾'을 취하여 명명된 지명으로 순수 양陽의 하늘을 뜻하며, '평坪'은 순수 음陰의 하늘 아래 땅을 의미한다. 그러므로 건평은 두모와 일맥상통하는 개념이라 할 수 있으며(김순희, 76세), 두모계 지명이 천문이나 기후환경과도 관련이 있음을 추론할 수 있다. 두모의 '두'는 땅을, 그리고 '모'는 하늘을 의미하는 것이다.

건평리 두무들 가장자리에는 영재 이건창1852~1898 선생의 묘소가 있는데, 이 묘는 1995년 3월 1일 인천광역시 기념물 제29호로 지정되었으며 종중에서 소유, 관리하고 있다. 이건창은 조선 후기의 문장가로 서예가, 교육자, 화가, 양명학자이기도 하며 강화학파로 분류되는 학자이다. 그는 저서인『당의통략黨議通略』을 통해 동인과 서인의 당쟁부터 노론과 소론으로 이어지는 당쟁과 살육, 그리고 민생을 외면한 정책이 조선의 멸망과 사회 붕괴를 촉진시켰다는 주장을 펼쳤다.

또한 그는 이익과 안정복 이후 당쟁의 폐단을 지적한 몇 안되는 지식인이기도 하였다. 어려서부터 사서오경에 정통하였으며 15세 때 문과에 급제하였다. 1874년 서장관으로 청에 가서 그곳의 문장가인 황각 등과 교제하며 문장가로서 이름을 떨치고, 이듬해 충청도의 암행

사진 2 강화도 양도면 건평리 두무들의 위성사진

그림 2 강화도 양도면 건평리 두무들의 지형도

사진 3 강화도 내가면 두모천 위성사진

사진 4 건평리 이건창 묘

어사, 해주 감찰사 등을 지냈다. 곧은 성격으로 유배를 세 번이나 갔으며 후에 강화도로 낙향했다. 그의 저서 『당의통략』은 『윤치호 일기』, 『백범일지』와 함께 조선 후기 사회를 객관적으로 전하는 서적으로 유명하다.

강화도에는 유난히 두모계 지명이 많이 분포하는데, 퇴모산과 고려산 및 혈구산 사이의 골짜기를 흐르는 하천명이 현행 지형도에는 기입되어 있지 않지만, 원래 두모천斗毛川이라 불렸다. 두모천은 오밋내 혹은 오미천이라고도 불리며, 오상리 쪽으로 굽이쳐 복개산 아래를 흐르면 복개천이 된다. 두모천은 내가면의 내가저수지원래는 '고려못'이라 불림를 거쳐 내가천을 따라 황해로 흘러든다. 북쪽으로는 미꾸지고개·낙조봉·고려산이 가로막고 있으며, 남쪽으로는 혈구산과 퇴모산이 둘러친 두모식 분지에 연촌마을이 위치해 있다. 이들 산은 해발 330~460m에 달하는 것들이다. 이렇게 볼 때, 강화도 북쪽의 하점면부터 그 남쪽의 내가면을 비롯하여 퇴모산 아래의 건평리와 정족산의 북쪽과 길상산의 서북쪽, 그리고 남쪽의 동막에 이르기까지 두모계 지명이 집중적으로 분포하고 있음을 알 수 있다.

한편, 한자의 차음체계借音體系에 대하여 신라의 향찰鄕札을 분석한 오노(大野, 1961, pp.61-63)는 시대에 따라 차음체계가 조금씩 바뀌었음을 지적하면서 다음과 같은 표를 작성하였다. 표 1에서 알 수 있는 것은 두모계 지명의 한자차음체계가 시대에 따라 바뀌었다는 사실과 그 변천 과정이 다소 모호하다고 할지라도 하나의 음에 여러 한자를 차용했다는 사실이다.

또한 여기서 주목할 만한 것은 향찰과 『만엽집』에 수록된 말末, 만

표 1 두모계 한자 차음체계의 변천

발음 字類	620년	700년	720년	760년	향찰(지명)에 사용된 한자
to	刀	刀, 斗	刀, 斗, 豆, 頭	刀, 斗, 豆, 頭	刀, 都, 冬, 屯, 東
du		豆, 頭	都	都	豆
tsu	都	都			都
ma	麻	麻	麻, 末, 萬, 牟	麻, 末, 萬, 牟	馬, 萬
mu	牟	牟, 武	武, 毛, 母, 米	武, 毛, 母, 米	無, 无, 武, 毛
mo	毛	毛, 母			物
më	米	米			米, 迷

출처: 大野(1975)의 것을 저자가 두모계 한자만을 발췌하여 재작성한 것임.

萬, 物物, 동冬, 둔屯, 동東 등이 현재의 음독과 상이했었다는 사실이다
(김사엽, 1979). 이런 현상은 일본 고대국가의 위치를 비정할 경우에 도만
都萬·타지마但馬 등을 투마投馬로 간주하는 것과 동일하다. 왜냐하면
이들의 어근은 모두 t(d) 음과 m 음계로 구성되어 있기 때문이다. 그
리고 t(d) 음에 속하는 것 중 d 음과 t 음의 구별을 할 때, du 음은 한
자로 豆·頭, ts 음은 都를 사용한 것으로 분류해 놓았다. 그러나 한반
도에 분포한 두모계 지명의 한자표기에서는 그와 같은 원칙을 찾을
수 없었다.

한자 음독音讀은 과거와 현재가 상이하다는 사실이 밝혀진 바 있다.
즉 동일한 한자에 대한 음독이 중세와 현대가 달랐으며 고대와 중세
역시 차이가 있었다는 것이다. 본서에서는 중세15~16세기에 간행된 각
종 언해서諺解書와 초학서初學書에서 음독된 d 음계와 m 음계에 대하여
정리해 보았다. 그 결과, 한자에 대한 중세와 현대의 음독 차이가 크
지 않았음을 확인할 수 있었다표 2와 표3. 따라서 두모계 지명의 다양한

표 2 출전별出典別 15~16세기 한자음(d 음계)

한자	음	원문
刀	도	육조, 맹자, 논어
桃	도	진언, 대학
道	도	육조
都	도	진언, 번소, 천자
陶	도	번소, 소학, 맹자, 자회, 천자
冬	동	번소, 소학, 맹자
東	동	육조, 진언, 번소, 효경
斗	두	논어, 자회, 유합
杜	두	번소, 소학, 육조, 천자, 유합
豆	두	소학, 맹자, 번소, 논어
頭	두	육조, 진언, 번소, 소학

육조: 六祖法寶壇經諺解, 맹자: 孟子諺解, 논어: 論語諺解, 진언: 眞言勸供, 대학: 大學諺解, 중용: 中庸諺解, 효경: 孝經諺解, 유합: 新增類合, 삼단: 三壇施食文諺解, 번소: 飜譯小學, 자회: 訓蒙字會, 천자: 千字文

출처: 權仁瀚(2005), pp.88-135.

이표기異表記는 지역별 언어적 차이 또는 지명 전설에 의한 것임을 짐작할 수 있다. 그러나 고대로부터 중세에 이르는 시기의 음독 차이는 컸던 것으로 생각된다. 특히 삼국시대에는 두모계 지명의 개음절화開音節化로 인한 차이가 국가별로 있었으며, 이와 같은 현상은 고려시대까지 지속되었던 것으로 추정된다.

　저자가 1992년 국내에 처음 소개한 19세기 말 일본 참모본부 작성의 '제1차 지형도'라 불리는 한반도 지형도가 있는데(남영우, 1992), 미쓰오카(光岡, 1982)는 1:50,000 축척의 지형도에서 약 6만 개의 지명을 분석한 결과를 토대로 표 4에서 보는 것과 같은 민족언어별 이표기異表記에 근거한 차음음운대조표借音音韻對照表를 작성하였다. 이것에 의해 ma음은 고대 몽골어 및 만주어의 경우 mɛ 혹은 mə음으로 전용되

표 3 출전별出典別 15~16세기 한자음(m 음계)

한자	음	원문
摩	마	육조, 삼단, 번소, 소학
磨	마	육조, 소학, 논어, 대학
馬	마	육조, 번소, 소학, 논어, 맹자, 대학
麻	마	소학, 논어, 맹자
幕	막	번소, 소학
莫	막	번소, 소학, 맹자, 중용, 효경, 대학
萬	만	육조, 진언, 삼단, 번소, 소학, 논어, 맹자
姆	무모	무:소학, 모: 자회
帽	모	번소, 소학
慕	모	번소, 소학, 맹자
暮	모	번소, 소학, 맹자, 자회, 유합
某	모	육조, 삼단, 소학, 논어
母	모	육조, 진언, 삼단, 번소, 소학, 맹자, 대학, 중용
毛	모	육조, 번소, 소학, 맹자, 중용
牟	모	육조, 진언, 삼단, 소학, 논어
矛	모	맹자, 자회
謨	모	소학, 논어, 유합
牡	모	진언
戊	무	육조, 소학
武	무	육조, 번소, 소학, 논어, 맹자, 중용
毋	무모	무: 소학, 논어, 대학, 모: 번소
無	무	육조, 진언, 번소, 소학, 논어, 맹자, 중용
舞	무	소학, 논어, 맹자, 번소
茂	무	육조, 번소, 소학, 맹자
霧	무	육조
尾	미	자회, 유합
彌	미	육조, 진언, 삼단, 논어, 맹자
迷	미	육조, 진언, 삼단, 번소, 소학, 논어

육조: 六祖法寶壇經諺解, 맹자: 孟子諺解, 논어: 論語諺解, 진언: 眞言勸供, 대학: 大學諺解, 중용: 中庸諺解, 효경: 孝經諺解, 유합: 新增類合, 삼단: 三壇施食文諺解, 번소: 飜譯小學, 자회: 訓蒙字會, 천자: 千字文

출처: 權仁瀚(2005), pp.88-135.

제I편 한국인과 두모사상

표 4 '마' 음계의 차자음운 대조표

언어	mə, mɔ, mʌ	mə, mu, mo	mi, mʌj
고대 몽골어	猛 mɛ	木 mə ↓	納 na
고대 만주어	茂 mə	謀. 穆. 默	密 mie
한국어	萬 茂 ma mə	牟 暮 毛 mu mo mɔ	米 末 尾 mi mʌj mi
왜어(倭語)	茂 忘 mɔ mʌ	武 母 暮 毛 mu mo mo mo	密 米 未 mi mi mi

출처: 光岡(1982)의 것을 저자가 일부 수정한 것임.

어 한자로는 맹猛·목木 또는 무茂·모謀 등으로 표기되었음을 밝혀낸 바 있다. 그리고 한국어에서는 ma가 mə, mo, mɔ로 전용되거나 mi나 mʌj로도 음독되며, 이들은 한자로 만萬·무茂·모牟·모暮·모毛로 표기 되거나 미米·미末·미尾로도 차음됨을 알 수 있다.

여기서 주목할 만한 것은 '마' 음계의 차자 가운데 맹猛, 목木·穆, 묵 默, 망忘, 만萬 등의 현행 음독체계가 과거에는 '마' 음으로 사용되었 다는 사실이다. 이런 사실은 두모계 지명의 경우 여러 곳에서 발견할 수 있다. 예를 들면, 전남 보성군 벌교읍의 동막東幕은 조선시대에는 두모斗毛였고, 강원도 강릉시 구정면의 왕산은 과거에는 도마都麻 또 는 동막이라 불렸으며(배우리. 1994), 오늘날에도 양자가 병용되고 있다. '동'을 '돔' 또는 '도무'라 음독하고, '막'을 '마'라 읽어 마을이라는 의미 로 풀이하여 '동막'을 '도무마을'로 해석하는 경우도 있다. 한자표기에 서도 斗毛↔都麻가 서로 호환되었으므로 두모↔도마 지명 역시 큰 의미 차이 없이 호칭되었음을 알 수 있다. 또한 오늘날의 한자 음독은 과거와 다르다. '도마'는 가옥을 지을 때 토방이나 다짐바닥을 뜻하는 말이지만, 일본에서는 이것을 한자 '土間'이라 표기하고 'doma'라 읽는다(김민수, 1997, p.258). 그러므로 '도마'가 지닌 본래의 뜻은 사실과 다를 수 있다.

이와 유사한 음운표기상의 변화는 여러 곳에서 발견할 수 있다. 경기도 파주시 광탄면의 '두마'는 '두만'으로 바뀌었다. '마' 음이 만, 문, 뭇, 먼, 멋 등으로 변하는 이유는 두모계 지명 끝에 동·리·골 등이 첨가되었기 때문이다. 가령 '두마'는 행정단위인 '리'가 첨가되면 '두만리'로 변형되어 발음되는 경우가 허다하다. 경기도 남양주시와 부읍의 '두미'는 '동막', 충북 충주시 주덕면의 '두모'는 '동막', 충북 제천시 금성면의 '두모'는 '두미'로 바뀌었다. '두미'는 전술한 바와 같이 둠/두무에서 어원을 찾을 수 있다(김민수, 1997, p.277). '둠/두무'의 형태 이외에도 음상을 약간씩 달리하는 형태인 '두미/도마/도무/두모' 등이 접두된 지명도 모두 두모계 지명에 포함시킬 수 있다.

이는 '동막'이 조선시대까지만 하더라도 현행 음독체계와는 달리 '동막'이 아닌 '도마'로 음독되었음을 시사하는 것이다. 일반적으로 '막 幕'은 중·근세까지 집 또는 마을의 의미로 사용되었고, 오늘날 영남지방에서는 지명 끝에 점마, 양지마, 올마, 건너마 등과 같이 '마'자가 붙는 촌락지명이 곳곳에 남아 있다(경상북도교육위원회, 1984). 그러나 이들 지명 가운데에는 두모 계열과 관계없이 당초부터 동막이라 불렸던 곳이 많으므로 이러한 부분은 정밀조사가 요구된다. '동막'은 서울시 마포구의 사례에서 보는 바와 같이 독을 만드는 움막, 즉 '독막' 혹은 '옹막'이 변한 경우와 동쪽에 위치한 마을이라는 뜻으로 사용되는 경우가 있다. 이런 유형의 동막은 대체로 중세를 전후하여 명명된 지명으로 추정된다.

'동막'이 두모계 지명이라는 사실은 경기도 양평군 양서면 동막리의 사례에서 보는 바와 같이 두모만리豆毛萬里>동막리, 즉 음독音讀이 유사한 한자로 바뀐 사실에서도 확인할 수 있다(川琦, 1935). 이와 같은 현상은 적어도 조선왕조 초기 이전에 발생한 현상으로 추정된다(남영우, 1996).

모음변화에 따른 두모계의 지명 변화는 다른 지역에서도 찾아볼 수 있다. 강원도 양구군 남면의 '두무리'는 '두머리'로, 그곳 북쪽의 두무동 고개는 대동여지도에는 두모현斗毛峴으로, 동여도에는 두모현頭毛峴으로 표기되어 있다.

경기도 하남시 춘궁동의 '두머'는 현지 주민들에 의해 '두먼니'로 연음화되어 불리는데(현지 주민 배창복(76세), 이수남(79세) 씨와의 인터뷰), 이는 '두머'에 행정단위인 리里가 첨가되면서 두머리>두먼니의 전이 현상이

사진 5 청량산 줄기로 둘러싸인 하남시 두머

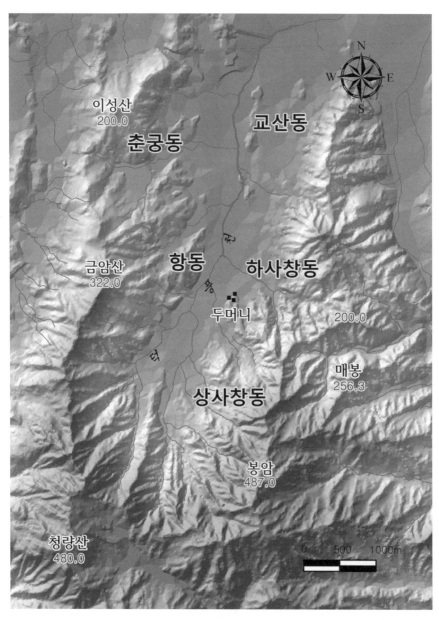

그림 3 청량산 줄기로 둘러싸인 하남시 두머

제 I 편 한국인과 두모사상

발생한 것이다. 이런 현상은 국어학적으로 'ㄴ첨가'와 '비음화' 현상이라 불린다. 그러므로 두머리는 현재의 행정구역보다 더 넓었음을 알 수 있다. 이곳의 '두머'는 후술하는 바와 같이 우리 민족의 두모사상의 진원지라 할 수 있을 만큼 큰 의의를 가지는 지역 중 하나이다.

이 밖에도 두모계 지명 중 '두머'로 표기된 곳은 경기도 시흥시 도창동 도두머리와 경기도 화성시 향남면 두머리 및 아랫두머리, 충남 서산시 대산읍 대산리에도 있다. 또한 황해도 수안군의 두무산은 두마산으로 바뀌었고, 경기도 장단군 영북면의 두모산은 두무산으로 개명되었다. 이들 사례 역시 유음화에 의한 음운변화로 생각된다.

이와 같은 모음의 음운변화는 '_ᄋ' 모음의 경우도 마찬가지이다(이영택, 1986). 국어학자들의 연구결과에 의하면, '마' 음은 '다'와 '드'(류희), '듸'(주시경), '다'·'더'·'드'·'두'(이능화), '돠'(이어령) 등으로 변화하며, 따라서 '므'음은 '마'·'므' 또는 ㅁ(m)이나 '머'·'모'·'뫄' 등으로 다양하게 음독될 수 있다. 선행연구를 종합하면, 모음체계는 대략 13~15세기에 걸쳐 변화한 것으로 추정되며, 특히 '_ᄋ' 모음은 16세기경에 제2음절 이하에서 없어지고 18세기경에는 제1음절에서 소멸된 것 같다(이기문, 1990). 그러므로 두모의 음독 역시 음운상 다양하게 변화한 것은 당연한 일이다.

저자가 지형도상에서 집계한 바에 의하면, 우리나라에 분포하고 있는 두모계 지명 가운데 '도마'가 14.2%로 가장 많고, 그 다음에 '두무' 10.8%, '두모' 7.0%, '두미' 2.9%의 순이다. 이들 지명은 1:50,000 지형도에서 대부분 한자로 표기되어 있으며, 순수 한글로 표기된 두모계 지명은 전체의 4.8%에 불과하였다.

우리는 두모가 형태어로 사용될 경우 둥근 원을 의미한다는 것을 알았다. 우연의 일치이겠지만, 영어의 dome 역시 둥근 형태의 지붕이나 반구형 건물을 뜻한다. dome은 '도움[doum]'이라 발음된다. 그리고 이탈리아에서는 두오모duomo라 하면 둥근 형태의 지붕으로 덮인 대성당을 의미하는 단어로, 고대에는 주거 및 주택의 의미로 사용된 바 있다. 영어의 duomo는 대교회당cathedral을 의미한다. 옥스퍼드 사전과 브리태니커 사전에서 dome의 어원을 살펴보면, 원시-인도-유럽어Proto-Indo-Europpean에서 비롯되었음을 알 수 있다.

인도-유럽어족은 기록이 남아 있지 않은 하나의 언어에서 파생한 언어들이다. 이 언어는 거의 5000년 전 흑해 북쪽의 초원지대에서 쓰였고, B.C. 3000년경에 이르러 게르만어·로망스어·슬라브어·그리스어·인도 이란어 등의 수많은 방언으로 갈라진 것으로 추정된다. 일부 부족이 유럽과 아시아로 이주하면서 함께 이동해 간 이들의 방언들은 얼마 후 별개의 언어로 발전했고, 이 가운데 상당수가 다양한 언어의 발전 단계를 보여 준 기록이 남아 있다. 언어를 발생학적으로 분류할 때는 어원이 같을 것으로 추정되는 낱말들을 서로 비교하면서 규칙적인 음운 대응체계를 확립할 수 있다. 서로 대응하는 여러 벌의 음운에 대해서 각각 갈라지기 전의 음운을 가정하고, 거기에 '음운규칙'을 적용하여 그 음운이 파생 언어에서 어떤 발전과정을 거쳤는가를 추적할 수 있는 것이다.

원시-인도-유럽어에서 dome는 만들다build라는 의미로 출발하여 라틴어에서는 주택house의 의미로 사용되었고, 영어로는 웅장한 건축물a stately building이라는 뜻으로 사용되다가 현재는 둥근 형태의 지

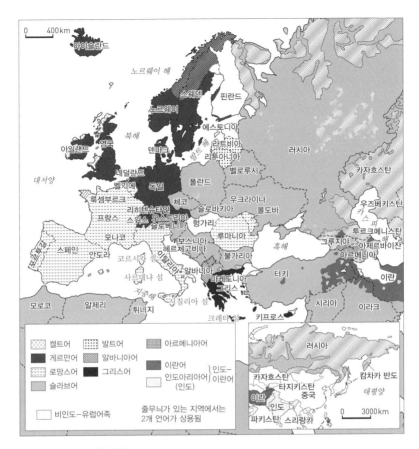

다음 지도에는 다음과 같은 지명이 표시되어 있다.

0   400km

아이슬란드

노르웨이 해

스웨덴
노르웨이
핀란드

에스토니아

북해
라트비아
리투아니아

아일랜드   영국   덴마크   러시아   카자흐스탄

네덜란드   벨로루시   우즈베키스탄
벨기에   독일   폴란드
대서양   룩셈부르크   체코   카스피해
리히텐슈타인   슬로바키아   우크라이나   투르크메니스탄
프랑스   스위스 오스트리아   몰도바   그루지야   아제르바이잔
슬로베니아   헝가리   아르메니아
모나코   보스니아   루마니아   흑해
헤르체고비나
스페인   안도라   이탈리아   불가리아   터키   이란
코르시카 섬   알바니아
사르데냐 섬   마케도니아   시리아   이라크
지중해   시칠리아 섬   그리스
모로코   알제리   튀니지   크레타섬   키프로스

러시아

카자흐스탄   캄차카 반도
타지키스탄
이란   중국   태평양
인도
파키스탄   스리랑카   0   3000km

켈트어   발트어   아르메니아어
게르만어   알바니아어
로망스어   그리스어   이란어   인도-
슬라브어   인도아리아어   이란어
(인도)
비인도-유럽어족   줄무늬가 있는 지역에서는
2개 언어가 상용됨

그림 4 인도-유럽어족의 분포

붕을 의미하는 단어로 사용되고 있다. 이것에 해당하는 단어가 라틴
어로는 demh으로부터 domus가 파생되었다. 명사로는 신을 뜻하는
dominus에서 유래한 것으로 추정된다.

이와 같은 배경에서 유래된 '두오모' 또는 '돔'은 어원상 인간이 거주
하는 주거지이거나 신성한 공간으로 사용되었음을 유추할 수 있다.
그러나 저자는 원시-인도-유럽어와 동아시아에서 사용된 알타이어

간의 관계를 밝히기 전에는 어떤 관련성도 결부시킬 생각이 없다. 왜냐하면 이것은 단순한 우연의 일치일 수도 있기 때문이다. 이것을 정확히 규명하기 위해서는 비인도-유럽어족을 비롯한 슬라브어 및 인도아리아어 등과의 관계가 밝혀져야 할 것이며, 서남아시아로부터 남부아시아 또는 러시아 및 중국 등의 고대어와 한국고대어 간에 이르는 광범위한 학술적 조사가 필요하다.

지명과 인명 :
두모계 지명의 분포와 인명과의 관계

두모계 지명의 분포

지명 연구가 지리학적 의의를 가지기 위해서는 지명의 변천 과정을 지역적으로 규명하고 아울러 지명의 분포와 전파가 지역 형성 및 문화성립을 여하히 표출하고 있는가에 관한 고찰이 수반되어야 한다(山口, 1960). 또한 지명의 공간적 분포를 고찰함으로써 지역적 구성의 유형을 종합하고 지역적 특성을 파악하며, 인간의 대토지주거對土地住居의 역사를 밝힘으로써 문화 발달의 흔적과 민족 이동의 과정 등을 탐구해야 지명지리학은 물론 민족의 정체성을 찾을 수 있을 것이다(鏡味, 1960).

본서에서는 각종 지도에서 채집된 417개의 두모계 지명의 분포를 음독유형별로 지도화하였다. 두모계 지명으로 간주되는 것은 여기서 거론된 것보다 더 많을 수 있으나, 중세 이후 또는 최근에 생성된 지명이 많을 것이며 또 저자의 오류가 상정되므로 단언하기 어렵다. 또한 이들 지명에 대한 현지답사와 문헌에 의거한 정밀조사가 수반되어야 하므로 두모 연구는 장기적 연구가 요구된다. 위치가 확인된 두모계 지명의 전국적 분포는 그림 5에서 보는 바와 같다.

그림에서 보는 것처럼 두모계 지명은 비교적 전국에 걸쳐 광역적으로 분포하고 있다. 그 가운데 가장 많이 분포하는 지방은 황해도와 경기도이고, 그다음이 경남, 강원, 평북, 평남, 충남의 순이다. 특히 황

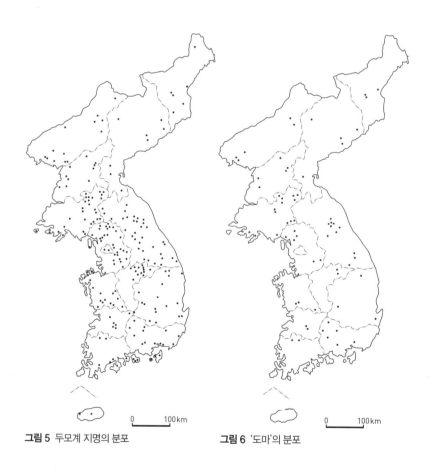

그림 5 두모계 지명의 분포   **그림 6** '도마'의 분포

제 I 편 한국인과 두모사상

해도의 수안군·곡산군·금천군을 비롯하여 경기도의 연천군·파주시·광주시, 강원도의 양구군·인제군·영월군, 충북의 제천시·충주시 등지에 집중적으로 분포하고 있다. 두모계 지명을 빈도가 비교적 많은 도마·동막·두모로 세분하여 그 분포를 살펴보면 다음과 같다.

두모계 지명 중 가장 많이 분포하는 '도마'는 그림 6에서 보는 것처럼 황해도에 가장 많이 분포하며, 그다음이 강원, 경기 및 경남의 순이다. 이 지명은 제주도를 제외하고는 전국적으로 고른 분포를 보인

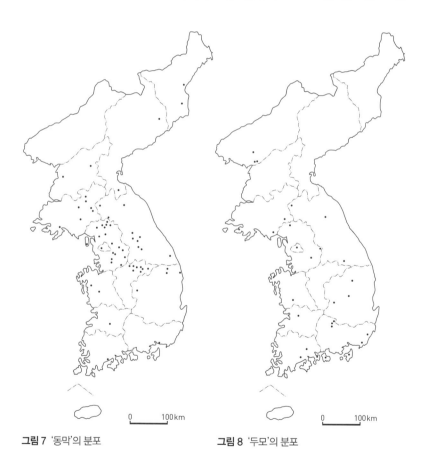

그림 7 '동막'의 분포　　　　**그림 8** '두모'의 분포

다. 특히 양구군을 비롯하여 황해도의 곡산군·수안군·금천군에 집중적으로 분포하고 있다.

'동막'의 경우는 그림 7에서 알 수 있는 바와 같이 대부분 중부 지방에 집중되어 분포하고 있다. 그 가운데 가장 많이 분포하는 지방은 경기도를 비롯하여 강원, 충북, 황해도의 순이다. 특히 경기도의 연천군, 강원도의 홍천군, 충북의 충주시 및 단양군에 많이 분포한다. 그러나 저자가 조사한 바로는 평북과 제주에는 동막 지명이 전혀 분포하지 않았다. '동막'은 전술한 바와 같이 이두식 차음체계와 고음독古音讀의 영향으로 조선시대까지만 하더라도 두모·도마·두미 등의 차음으로 차자되었으며, 중세 이후에는 이들이 혼용되거나 병용되면서 근래에는 대부분이 '동막'으로 바뀐 것 같다.

'미'에 대하여 김윤학(1996)은 산山을 뜻하는 '뫼'계에 속한 지명의 형태소라 설명하였다. 이는 마을이 들어설 만한 작은 산으로서, 일단 마을이 형성되자 산이라는 의미는 잊어버리고, 마을을 나타내는 지명형태소形態素로 굳어 버렸다는 것이다. 원래 '미'가 산의 뜻이었다고 하여 모든 산을 '미'라고 하지 않는다. 즉 '미'=산의 관계가 성립하지 않으므로 모든 '미'는 산이 될 수 있지만, 모든 산이 '미'가 될 수는 없다는 것이다(김윤학, 1996, p.140). 이런 견해를 두모계 지명에 모두 적용할 수는 없다. 왜냐하면, 전술한 바 있듯이 산을 '뫼'라고 부른 것은 중세의 일이며, 고대에는 ta-ro/tʌ-rʌ/tʌ-rɔ 등으로 불렸기 때문이다. 오늘날 남아 있는 지명으로는 두류산 또는 두륜산 등이 있다. 형태소란 뜻을 가지고 있는 가장 작은 말의 단위를 의미한다. 다시 말해서 더 이상 나누면 의미를 상실하는 가장 작은 말의 단위라는 것이다. '두모'의 '두'

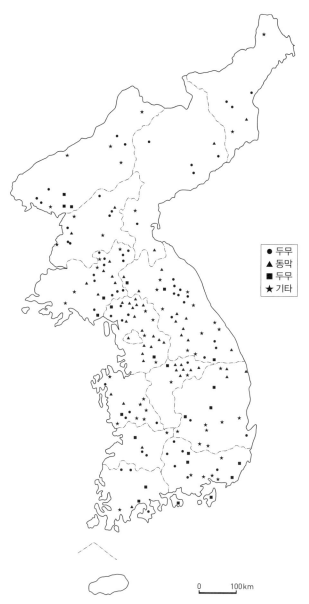

그림 9 한반도의 두모계 지명의 분포

출처: 남영우(1996), pp. 122-123.

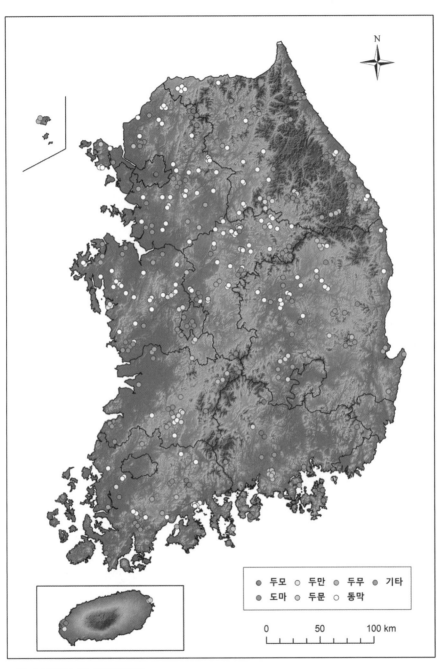

그림 10 남한의 두모계 지명의 분포

출처: 나유진(2013), p.23.

와 '모'는 각기 의미를 지닌 단위의 합성어이므로, 의존형태소가 아닌 자립형태소인 동시에 형식형태소가 아닌 실질형태소라 할 수 있다.

한편, '두모'의 경우는 그림 8에서 보는 바와 같이 어느 지방에도 편중됨이 없이 전국적으로 분포하고 있다. 그러나 함경북도·함경남도·평안남도에는 '두모' 지명은 전혀 분포하지 않고 있으며, 두모계 지명만 분포하고 있다. 다만 평안북도의 박천군과 경상남도의 거제시·남해군에 이 지명이 각각 2개씩 분포하고 있을 뿐이다. 그렇다고 하여 큰 의미를 부여할 필요는 없을 것이다.

이상에서 언급한 두모계 지명의 채집은 남한의 경우 저자가 빠뜨린 것이 있을 것이며, 북한의 경우에는 일제강점기에 간행된 1:50,000

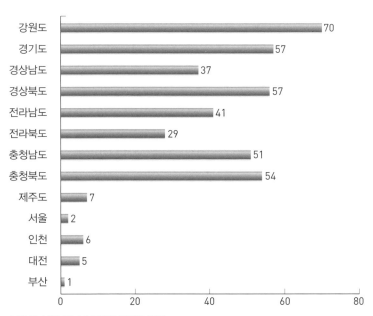

그림 11 남한 두모계 지명의 지역별 분포

지형도에만 의존했으므로 정확성을 기할 수 없었다. 그러므로 두모계 지명의 분포 수는 여기서 거론된 것보다 더 많을 가능성이 높기 때문에 그림 9와 그림 10은 상이할 수밖에 없다. 최근에 간행된 남한의 지형도에서 채집한 두모계 지명은 별도로 지도화한 것이므로 그림 10의 분포도가 더 정확할 것이다.

두모계 지명과 인명의 관계

가족families, 친척relatives, 씨족gens or clans, 종족tribes이라는 개념은 모두 혈연적 관계를 유대관계로 하여 이어진 인간의 집합체를 가리키는 것이다. 이들 개념은 모두 공통된 조상에 기원을 둔 자손들의 집단사회를 나타내는 것이지만 혈연적 유대관계의 강도는 가족이 가장 강하고 종족이 가장 낮다. 종족명·인종명·민족명·국민명 등과 같은 인간집단의 명칭을 총괄하여 간결한 언어로 호칭할 필요성 때문에 인종명 또는 민족명이 생긴 것이다(帝國學士院 編. 1944). 민족학·사회인류학·문화인류학의 입장에서는 상술한 종족·부족·인종·민족을 상이한 개념규정으로 다루지 않고, 혈연에 기초한 문화적 공동체로서의 인간집단을 일반적으로 민족이라고 불러 왔다. 정치지리학에서 말하는 민족이라는 개념은 그것이 혈연적 동질감이 엷고 문화적 또는 전통적 동질감이 강한 개념을 배경으로 인식한다고 하더라도 가족적 친근감이 확대된 혈연적 요소를 포함하고 있다.

혈연적 또는 지연적地緣的 인간집단의 명칭을 영어권에서는 folk

name이라 하고 독일어권에서는 Völker namen이라 한다. 한국어로는 이것의 대응어로 민족학적 관점에서 민족명이라 해도 좋고, 더 범위를 좁혀 부족명 또는 씨족명이라고 해도 무방할 것이다. 또한 범위상의 혼동을 피하기 위하여 인족명이라고 불러도 잘못된 것은 아니다.

인명은 특정한 개인의 명칭을 가리키는 개인명個人名과 집단의 명칭을 가리키는 집단명集團名으로 나뉘어진다. 그러나 인명personal name이라는 개념은 종래 개인의 명칭을 뜻하며, 넓게는 종족·인종·민족·국민 등의 인간집단의 명칭을 포함하지 않는 의미로 사용되는 경향이 있다.

한편, 개인의 호칭은 성姓 또는 씨氏와 이름名으로 구성되므로 성명 또는 씨명이라 부른다. 원래 '성'과 '씨'는 신분의 귀천을 따지거나 혼인 여부를 분별하기 위해 존재했었지만, 중국의 주나라 이후에는 이들이 하나로 합쳐지게 되었다(林雅子, 1996). 그러므로 시대적으로 볼 때 우리나라의 고대국가에서는 성과 씨의 일정한 구별이 없었던 것으로 추정된다(신태현, 1940). 이러한 사실은 『삼국사기』의 다음과 같은 기록으로도 확인할 수 있다.

姓高氏고구려본기 제1
故以夫餘爲氏백제본기 제1
姓朴氏……以朴爲姓신라본기 제1

위의 내용에서 과거에는 '성'과 '씨'의 구별이 필요 없었음을 엿볼 수 있다. 우리나라의 경우, 성이 의미하는 바는 출생지 또는 출신지를 의미하는 것으로 인식되어 왔다. 조선시대의 자전字典인 『대동운부군옥

『大東韻府群玉』에는 "씨, 인소생야氏. 人所生也"라 규정하고 있는데 이것은 곧 "성, 인지소생야姓. 人之所生也"라는 뜻이 된다. 다시 말해서 씨나 성은 태어난 곳을 일컬음에 다름 아니었다. 백제왕의 성이 부여인 것은 그들의 출신지가 부여인 까닭이다. 『대동운부군옥』은 조선 중기의 문인 권문해1534~1591가 편찬한 오늘날의 백과사전에 해당되며, 평성平聲 30운, 상성上聲 29운, 거성去聲 30운, 입성入聲 17운의 총 106운에 따라 지리·국토·성씨·인명 등의 11개항으로 나누어 설명하고 있다.

한편,『삼국사기』연개소문전淵蓋蘇文傳에는 다음과 같은 기록이 실려 있는데, 이 대목에서도 과거 성의 의미를 파악할 수 있다.

蓋蘇文(或云蓋金) 姓泉氏
自云生水中 以惑衆

위의 기록은 개소문의 성이 천泉씨인 까닭은 수중水中에서 태어났기 때문이라는 내용인데, 이것은 성씨가 곧 출생지를 뜻한다는 증거가 된다. 이와는 달리 성씨가 출생지가 아니라 출신지를 의미하는 경우를『삼국사기』의 기록에서 찾아볼 수 있다.『삼국사기』강수전强首傳을 보면, 신라왕이 강수에게 이름을 묻자 그는 "신본임나가랑인臣本任那加良人 명자두名字頭"라고 대답한다. 즉 왕의 물음에 자신이 본래 임나가야 출신임을 이름에 대신하여 대답한 것이다. 이 대목에서 성씨는 본래 출생지 또는 출신지를 뜻하는 것이었음을 알 수 있다.

이와는 달리 성씨가 일정한 영역의 명칭으로 부여된 경우를『삼국사기』의 기록에서 찾아볼 수 있다. 이는『삼국사기』신라본기유리왕 9의 한 부분이다.

春 改六部之名 仍賜姓

楊山部爲梁部 姓李

高墟部爲沙梁部 姓崔

……

明活部爲習比部 姓薛

　왕이 성을 하사하면서 개인에게 성씨를 부여한 것이 아니라 6부에
하나씩 성씨를 부여했다는 뜻이다. 이 6성은 각각의 6부를 구별하기
위한 공간적 영역의 명칭에 다름 아니다.

　이와 관련한 6부의 명칭에 대하여『삼국사기』와『삼국유사』간에 상
이한 점이 발견된다. 구체적으로,『삼국사기』에는 사량부沙梁部를 최
씨, 본피부本彼部를 정씨로 기록하고 있지만,『삼국유사』권 1. 혁거세에는
그 반대로 기록되어 있다. 따라서『삼국사기』에는 최치원을 사량부 출
신으로, 또『삼국유사』에는 그를 본피부 출신으로 기록하고 있다. 이
것은 성씨의 차이라기보다는 최치원의 출신지에 관한 차이로 보아야
할 것이다. 이에 대하여 이것을 여섯 촌장村長의 출생지로 보는 견해
도 있다(장장식, 1993; 1995, pp.145-146). 즉 6명의 촌장이 하늘에서 산으로
내려온 것은 어머니의 자궁으로부터 출생했다는 지모신地母神의 관념
에서 연유한 것으로, 그들의 출생지의 차이를 암시한다는 것이다. 결
국 그 당시의 성씨는 영역을 내포하고 있었으므로 본관本貫이 부수적
으로 따라다녔다고 생각할 수 있다(신태현, 1940).

　신라에는 6촌·6성·6부·6두품과 같이 '6'과 관련된 것이 있는데,
이는 어떤 의미를 가지는 것일까. 상당수의 신라사학자들이 6촌의 존
재는 부정하지만, 늦어도 6세기 이후에 6부가 신라 수도의 행정구역

으로 존재했었음을 인정하고 있다. 한반도에서 수도의 최고 행정구역으로서 '6'이라는 숫자가 사용된 경우는 신라가 유일하다. 6촌에서 기원한 6부는 자연발생적으로 출현한 것으로 볼 수 있다(이기봉, 2007, pp.115-153). 이는 성·6촌이 상호 견제하고 동등한 배후지를 확보한 결과일 것이다. 또한 중앙부의 왕경王京을 포함하면 7개의 영역으로 분할되는데, 각 6부는 작은 하천을 끼고 있는 유역권을 영역으로 삼았을 것이다. 이것은 독일의 지리학자 크리스탈러Christaller가 6각형 영역을 이용하여 설명한 중심지이론central place theory으로 설명될 수 있는 이치이다.

서양 사회에서는 한국을 비롯한 중국이나 일본과 달리 이름을 앞에 놓고 성씨를 뒤에 붙이므로 성명姓名이 아니라 명성名姓으로 호칭하는 관행이 있다. 물론 헝가리와 같은 예외적인 사회집단도 존재하지만, 그것은 일부에 지나지 않는다. 가령 James Cook이라는 서양인의 성명에서 James는 세례명Christian name 또는 이름given name, first name이며, Cook은 성씨last name로 가족명에 해당한다. 세례명 이외에도 미국·영국·독일에서는 Richard Joel Russell의 경우의 Joel과 같이 중간명中間名 혹은 중간이름middle name을 부여하는 관습이 있다.

그러나 한자문화권의 경우는 서양과 달리 성씨를 앞에 두는 관행이 있다. 일반적으로 인명은 개인명individual name과 집단명group name으로 구분되는데, 고대사회에서는 집단명에 해당하는 부족 또는 종족명이 사용되는 경우가 많다(松村, 1930). 오늘날 한국인의 인명 또는 성명은 중국의 영향을 받은 중국식 성씨가 대부분이지만, 아직까지 고대부터 전해 내려오는 재래식 성씨가 일부 남아 있다. 조선 말 우리나라의 각

제 I 편 한국인과 두모사상

종 제도와 문물에 관한 기록을 모은 책인『증보문헌비고』增補文獻備考』에 의하면, 조선시대만 하더라도 남궁·선우·동방·사공·제갈 등의 복성復姓이 무려 36개나 존재했었음을 알 수 있다.

우리나라에서 재래식 성씨가 중국식으로 바뀐 후에도 얼마 동안은 성씨가 공간적 의미를 내포하고 있었던 것으로 추정된다. 우리나라의 영향을 받은 고대 일본에서는 가족명으로서의 성씨를 묘자苗字 혹은 명자名字라 하였는데, 이들 가운데 대부분은 지명에서 연유한 것들이다(椙村, 1978; 1992). 명자는 원래 자신의 친족과 타인을 구별하기 위한 부호로서 발전한 것이라 전해지고 있다(武光, 2007). 따라서 동일한 취락 내에 동일한 명자가 많이 존재하는 지역에서는 명자를 대신하는 구분법이 사용된 경우도 있다.

이와는 달리 명자는 본래 무사武士의 영지領地 지명에서 기원했다고 보는 학설도 있다. 헤이안平安 시대 말기에 간토関東 지방의 무사가 처음 명자를 사용했으며, 그 명자는 자신의 영지 지명으로 무사가 다스리는 취락을 '명'과 '명전'이라 부르게 되었다. 그러므로 그 당시에 명자를 지니고 있었던 것은 영지를 보유한 고급무사뿐이었다. 그리고 에도江戸 시대에 이르러 '묘자'의 표기가 사용되기 시작하였다. 이는 무사에게 토지 대신 봉급을 지불하는 정책에 따른 것이었다. 그것은 이른바 무사의 샐러리맨화 정책이었던 것이다.

막부幕府가 토지를 소유하면서 '명자'라는 표현을 싫어하여 '묘자'라는 표기를 사용하기 시작하였다(武光, 2007). 그런데 '묘자'의 '묘'라는 의미는 한자로 동일한 조상의 집단이라는 뜻이다. 이러한 관습이 중세 이전까지 지속되어 일본에서는 부자간 또는 형제간일지라도 주거지나 출신지가 다르면 묘자도 상이하였다. 자신의 묘자를 변경하지 않고 타 지역으로 이주할 수 있게 된 것은 중세 이후부터의 일이다.

성씨가 지명에서 유래된 것은 한국과 일본뿐만 아니라 앵글로색슨 사회에서도 찾아볼 수 있다(Potter. 1950). 구체적으로 파인(Pine, 1965)에 의하면, 앵글로색슨 사회의 성씨 가운데 50% 이상이 지명에서 유래된 것으로 밝혀졌다. 이와는 반대로 지명이 성씨로부터 유래된 경우도 간혹 찾아볼 수 있다(柳田. 1937, pp.33-54). 일본의 화명초和名抄에 나타나 있는 향리鄕里의 지명 중 다테베建部라든가 미부壬生라 불리는 지명은 그 땅에 뿌리를 내린 사람들의 성을 딴 것들이다.

부족 또는 씨족의 명칭을 지명으로 전화시킨 사례는 영어 씨족명에 land가 더해진 형태에서 찾아볼 수 있다. Angle+land→England, Scot+land→Scotland, Fries+land→Friesland, Lapp+land→Lappland 등이 바로 그것이다. 또 다른 경우는 씨족 명칭에 ia가 붙는 지명인데, Mongol+ia→Mongolia, Manchu+ia→Manchulia, Roman+ia→Rumania, Pers+ia→Persia, Arab+ia→Arabia 등이 그것이다.

페르시아어에서는 토지 · 지역 · 영토 · 국가를 나타내는 접미어 -stan이 씨족 명칭에 붙어서 만들어진 지명이 각국어로 의역되지 않고 원어 그대로 사용되는 경우가 많다. Afgani+stan→Afganistan, Turki+stan→ Turkistan, Hindu+stan→Hindustan 등이 그것이다.

우리나라에서는 고대뿐만 아니라 현대에도 인명과 지명 간을 혼용하고 있다. 예를 들면, 타지에서 시집 온 새댁을 부를 때, 그녀의 출신지를 따서 '춘천댁', '대구댁', '파주댁' 등으로 부르는 것이 바로 그 예이다. 이것으로 우리는 예로부터 사람의 출신지를 중요시했음을 알 수 있다. 고대사회로 거슬러 올라갈수록 성씨와 지명 간에는 밀접한 관련이 있음을 염두에 두면서 두모계 지명에 관하여 고찰해 보기로 하겠다.

두모계 지명과 인명의 사례

주몽朱蒙과 두모

　우리나라에는 중국식 성씨가 전래되기 이전에 출생지 또는 출신지의 지명을 성씨로 채택하던 고유의 재래식 성씨가 있었다. 고대국가의 성씨를 고찰하기 위해서는 『삼국사기』와 같은 사료史料에 의존할수밖에 없다. 특히 『삼국사기』의 고구려본기高句麗本紀와 백제본기百濟本紀에 주목할 만한 기록이 있는데, 고구려본기제1에 다음과 같은 구절이 보인다.

　　始祖東明聖王 姓高氏 謂朱蒙 一云鄒牟

　위의 기록 중 동명東明은 '서울'의 고어古語인 '식볼'의 이두식 표기이거나 주몽의 동음동어同音同語의 차자이며, 추모鄒牟의 또 다른 표기이다. 일본측 기록인 『신찬성씨록新撰姓氏錄』의 차아천황嵯峨天皇, 弘仁 5년

甲午成과『속일본기續日本記』의 환무천황桓武天皇, 延曆 16년 丁丑成에 백제의 시조 비류와 온조가 도모왕都慕王인 주몽을 시조로 한다고 기록되어 있다.

위에서 언급한 역사서와『일본서기日本書紀』의 천지기天智紀 등에 기록된 추모鄒牟, 추몽皺蒙, 중모中牟, 중모仲牟, 도모都慕 등이 모두 주몽을 표기하기 위한 차자임을 쉽게 알 수 있다. 이들 중 추모는 고대에는 chu-mo 혹은 tu-mo, 중모는 chu-mo 혹은 tu-mo로 음독되었을 것이다. 또한『위서魏書』의 열전列傳, 제88에서는 주몽의 출신지인 북부여를 본래 예맥의 땅이며 두막루국豆莫樓國이라 하였다.

> 豆莫樓國 在勿吉國北千里 去洛六千里
> 舊北夫餘也
> 在失韋之東 東之於海 方二千里 ……
> 或言本濊貊之地也

이는 결국 '두막豆莫'에 세운 나라이므로 '두막'이 그의 출신지임을 시사하는 것이다. '두막'은 두모의 어원에서 살펴본 것처럼 '두마'이므로 두모계 지명에 해당한다. 위의 사실에 근거하여 저자는 상기한 일련의 차음차자借音借字를 두모계 지명으로 간주하였다. 후술하는 바와 같이 '莫'은 15~16세기까지 '막'으로 음독되었지만, 그 이전에는 '마'로 음독되었다.

고구려 시조가 나라를 세우게 된 신화에 대해 여러 역사들이 전하는 모두가 일치하는 것은 아니지만 대부분 광개토대왕 비문과 대략 비슷하다.『후한서後漢書』에서 고구려에 관한 일이 부여전夫餘傳에 잘못

들어가게 되자, 『통전通典』・『변방전邊防典』에는 이 신화를 고구려・부여 두 전傳으로 나누어 기록하였고, 『통지通志』・『통고通考』는 이러한 잘못을 그대로 답습하였다. 그리고 『북사北史』・『주서周書』・『수서隋書』에서는 백제전百濟傳에 들어가 있다. 이와 같이 동국東國의 여러 사기史記들은 사실 모두 부여족 전설에서 발전된 것들이다. 이 신화의 주인공은 곧 광개토대왕 비문에서 말하고 있는 추모鄒牟이다. 저자는 앞서 동국의 '동'이 『삼국사기지리지』의 기록처럼 동東=동음東音=도무道武라는 등식이 성립하므로 두모를 의미한다고 지적한 바 있다.

『삼국사기』에서는 이를 중해衆解, 원문의 '象解'는 중해의 오기임라고도 한다고 하였고, 『삼국유사』에서는 혹은 해추모解鄒牟라고도 한다고 하였다. 대개 고기古記에서 부여족은 해씨解氏로 성을 삼았다고 하였다. 그러나 『위서魏書』 고구려전高句麗傳에서 추모는 주몽으로 기록되었고, 『삼국지三國志』 부여전夫餘傳 주석에서는 『위략魏略』을 인용하여 동명東明으로 기록하였던 바, 『후한서後漢書』도 이와 같다. 추모는 주몽의 쌍성변雙聲變이요, 또 옛날에는 설두舌頭・설상舌上이 구분이 안 되어 주朱를 두兜처럼 읽는 동후東侯의 대전對轉. 음운학 술어로 고음학(古音學)상 모음이 같은 음성・양성・입성 사이에 서로 전변하는 것을 가리킴이기 때문에 주몽도 변하여 동명이 될 수 있다. 『위서』에서 주몽은 활을 잘 쏘는 사람을 이르는 말이라고 하였다. 지금 동국의 여러 사서에 의하면 추모는 활을 잘 쏘는 사람, 즉 선사자善射者를 말하는 것이고, 주몽을 이름으로 삼았다고 해서 별다른 뜻이 있는 것은 아니다.

고대의 성씨가 출생지 또는 출신지를 가리키는 경우가 많았음은 이미 앞에서 지적한 바 있다. 『삼국사기』에서 주몽의 성씨를 고씨高氏라

한 것은 고구려 건국 후의 일이며, 그의 아버지 해모수解慕漱가 '고모수'의 이두식 표기이므로 그로부터 연유된 것에 지나지 않는다. 주몽의 장남 비류沸流 역시 『삼국사기』에 나오는 모둔곡毛屯谷이라는 지명으로부터 비롯되었을 가능성이 크다. 모둔곡을 『위서』에서 언급한 보술수普述水에 근거하여 지금의 혼강동가강에 비정하는 것이 일반적인데, 이 강을 고구려인들은 비류수沸流水라 불렀다. 오늘날 이곳은 비류수에 건설된 댐으로 인해 담수되었는데, 고구려 초기 유적지가 수몰되어 있을 것으로 추정된다.

『삼국사기』 대무신왕 3년제20 기록에, "왕이 골구천骨句川에서 사냥을 하여 신마神馬를 얻었다."라고 하였다. 대무신왕 5년제21 기록에는 "부여왕 대소의 아우가 갈사수曷斯水 가에 이르러 나라를 세우고 왕이라

사진 6 비류수가 흐르는 졸본성의 위성사진

하였다."라는 구절이 있다. 그 지리적 위치는 모두 압록강 동북부 일대로 추정된다. 지금 압록강 동북부에 수로가 매우 많은데 동가강이 그중에서 가장 클 따름이다. 광개토대왕 비문에서 부여의 엄리대수奄利大水를 거쳐갔다는 기록과 비류곡沸流谷에서 조도造渡, 묶은 갈대나 뜬 거북이 마치 부교처럼 되어 건널 수 있었다는 뜻하였다는 기록을 발견할 수 있다. 구체적으로 보면 왕이 나루터에 이르러 물을 보고, "나는 황천皇天, 하느님의 아들이요, 어머니는 하백河伯의 딸이다. 내가 바로 추모왕鄒牟王이다. 나를 위해 갈대를 엮고 거북을 물에 띄워라!"라고 말하자마자 갈대를 엮고 거북이들을 물에 띄웠다고 한다. 그런 뒤에 비류곡을 건너 졸본 서쪽 산위에 성을 쌓아 그곳을 도읍지로 삼았다.

王臨津曰 我是皇天之子 母河伯女? ?牟王
爲我連?浮龜 應聲卽 爲連葭浮龜 然後造渡於沸流谷
忽本西城山上而建都焉

압록수鴨綠水라는 이름에 관해, 여러 사서史書에서 다양한 학설이 많다. 『한서漢書지리지』에서는 마자수馬訾水로 쓰여 있고, 『삼국지三國志』 관구검전毌丘儉傳에서는 비류수로 기록되어 있다. 『삼국사기』에는 "대무신왕大武神王 4년A.D. 21 겨울 12월에 왕이 군사를 출동시켜 부여를 치러 가다가 비류수 옆에서 머물렀다."라고 기록되어 있다. 현재 광개토대왕 비는 압록강 북안에서 출토되었기 때문에 이 비문의 비류수는 바로 압록강을 지칭하는 것으로 여겨진다. 또 『삼국유사』에서는 졸본천卒本川이라고도 부른다 하였는데, 이 지명은 지리적으로 보아 졸본주卒本州에서 파생된 이름으로 생각된다. 여기서 '졸본'은 홀본忽本=골

벌으로서 고을벌골벌의 이두식 표기이며, '본'은 불휘의 이두식 음으로 '불' 또는 '벌'로 읽어야 한다. 그러므로 '홀' 또는 '골'이 구개음화되어 발음이 '졸'로 변한 것으로 여겨진다.

'비류'라는 고대어가 어떤 의미를 담고 있는지 정확하게 밝혀진 바 없으나, 이 지명은 함경남도 용흥강 지류에도 존재한다. 광개토대왕 비문에 "시조 추모왕鄒牟王께서 처음으로 기틀을 세우셨다. 비류곡沸流谷 홀본忽本 서쪽에서 산 위에 성을 쌓고 도읍을 세우셨다."라는 기록이 남아 있다.

비류곡을 따라 흐르는 비류천 부근에는 주몽이 축성한 오녀산성五女山城이 있다. 2004년 유네스코 세계문화유산으로 등재된 이 산성은 스리랑카의 시기리아Sigiriya성, 이스라엘의 마사다Masada성과 더불어 천연의 요새이다. 비류가 개인의 인명이 아님을 엿볼 수 있는 기록은 그 밖에도 또 있다.

> 王見沸流水中 有菜葉遂流下……至沸流國
> 『삼국사기』 고구려본기 제1
> 沸流國王松讓者 禮以後先開國爭……
> 『제왕운기』 고구려기
> 王以貪暴廢沸流部長 仇都逸……
> 『동국사략』 권1
> 時沸流水上 松壤國王 以國以降……
> 『동국사략』 권1

주몽의 차남 온조溫祚는 백제의 시조로 알려져 있으나, 이것 역시 인명으로 간주하기 어렵다. 왜냐하면 온조의 대를 이은 다루왕多婁王,

기루왕己婁王, 개루왕蓋婁王과 연관시켜 보았을 때 공통적 요소를 전혀 발견할 수 없고, 해부루解夫婁 · 해애루解愛婁 · 모두루牟頭婁 · 해루解婁 등의 부여계 인명과도 '루婁'자 돌림의 공통점을 발견할 수 없다. 온조의 동의어가 확실한 은조殷祚 · 은조恩祖 · 응준鷹準은 사실상 ončo/inco의 차음으로 추정되며, 백제와 십제十濟에서 '백'과 '십'은 훈차자訓借字이고 '제'는 음차자音借字로 볼 때, 이들 역시 ončo를 표기한 것으로 추정할 수 있다(도수희, 1991). 그러므로 '온조'는 백제 시조의 인명이 아니라 원래는 한반도 북쪽 만주 어느 지방의 지명 내지는 부족명이었을 것이다. 가령 오곡백과五穀百果의 경우 '百'은 훈이 '온'으로 '모든'이라는 뜻을 지니고 있다. 온누리의 '온'과 같은 의미이다. 고대에는 '많다'는 의미를 '열'로 발음하고 한자로는 '十'으로 표기하였던 모양이다. 그 당시에는 '모든' 또는 '많다'는 것을 열손가락으로 표현했을 것이다. 이는 어린 아이들이 많다는 의미로 열손가락을 내미는 것과 같은 이치이다. 그러므로 수적 개념의 발달에 따라 '十'이 '百'으로 발전한 셈이니 '십제'와 '백제'는 이표기異表記일 뿐 동의어라 간주될 수 있다.

이상에서 고찰한 내용을 토대로 하여 저자는 주몽과 그의 두 아들 비류와 온조에 관하여 다음과 같이 정리해 보았다. 기원전 북부여의 '두모' 출신인 주몽이 그곳을 탈출하여 졸본 지방에 이르러 비류라는 곳에서 장남을 낳고 온조라는 곳에서 차남을 낳았다는 것이다. 온조는 형과 함께 한반도로 남하하여 한강 유역에 이르러 백제를 건국하였다. 백제의 시조가 된 온조는 그의 출신지명또는 출생지명을 따서 온조국溫祚國이라 국호를 정하였으나, 각종 사서에는 ončo의 음차자 과정音借字過程에서 전술한 것과 같이 온조溫祚 · 은조殷祚 · 은조恩祖 · 응준鷹

準 또는 훈차자 과정訓借字過程에서 백제百濟·십제十濟 등으로 기록되었을 것이다.

이처럼 세 부자 간에 이름이 모두 제각각인 것은 마치 고대 일본에서 출신지가 다르면 가족 간에도 묘자를 달리한 것과 맥을 같이 하는 것이다. 그러나 주몽에 관한 기존의 해석은 다양하다. 먼저 '주몽'을 활을 잘 쏘는 사람이란 뜻으로 풀이하는 경우는 『삼국사기』 고구려본기 제1에 근거하고 있다.

……自作弓矢射之 百發百中 夫餘俗語 善射爲朱蒙
故以名云

즉 백발백중의 명사수를 부여에서는 속어로 '주몽'이라 칭한다는 것이다. 그러나 중국인들이 우리 민족을 동이족東夷族이라 칭했었는데, 이는 큰 활을 잘 쏘는 민족이란 뜻이므로 주몽에만 해당하는 명칭이 아니었을 것이다.

이와는 달리 '주몽'을 제사장祭司長의 뜻으로 풀이하는 학설이 있다(光岡, 1982). 이 학설은 제사장이 의식을 관장하면서 춤을 추는데 춤의 달인을 몽골어로 '추무(chu-mu)', 시베리아어로 '샤무(sha-mu)'라고 하는 것에 근거하고 있다. 또한 '주몽'을 신神에서 비롯된 것으로 풀이하는 경우도 있다(김사엽, 1979b, p.64). 즉 신의 고대어 kʌ-mï에서 k음이 t 또는 c음으로 전이되어 čʌ-mï 또는 tʌ-mï로 바뀌었고, 이들이 한자로 음차되면서 주몽·지미祗味 혹은 지마祗摩 등으로 기록되었다는 것이다. '지미'는 신라 6대 왕의 이름으로 채택되기도 하였다.

위와 같은 해석은 나름대로의 의미와 타당성을 지니고 있겠지만,

저자는 앞에서 설명한 바와 같이 인명이 지명과 치환될 수 있거나 영역을 공유한다는 본서의 취지에 더 높은 가능성을 부여하고 싶다.

온조溫祚와 두모

『삼국사기』권 23에 의하면, 비류와 온조는 주몽이 북부여에 살고 있을 때 낳은 이복형제 유리琉璃가 태자로 책봉되자 후일이 두려워 열명의 신하를 데리고 한강 유역까지 남하한 것으로 판단된다(이종욱. 1989). 이와는 달리 한강 유역에 이미 뿌리를 내렸던 10개의 토착 세력을 규합한 십제가 더욱 성장하여 백제로 발전했다고 추정하는 학설도 있다(노중국, 1987).

백제 초기의 도읍지에 관해서는 학설이 분분하지만, 한산漢山의 부아악負兒岳에 올라 도읍지가 될 만한 장소를 물색한 사실을 놓고 『동국여지승람』권 1 등의 문헌과 몇몇의 학자들은 부아악을 북한산의 인수봉이나 삼각산으로 비정한 바 있다. 이것은 '부아負兒'라는 어의語意, 즉 '아이를 업는다'는 뜻에서 착안한 것으로 여겨진다. 그러나 고지명을 분석함에 있어서 한자는 음차 또는 훈차에 의한 이두식 표기로 해석해야 타당하므로, 아기를 업고 있는 듯한 산봉우리의 형태에서 실마리를 찾는 것은 부적절하다. 또한 '부아'라는 지명은 북한산 이외에도 서울응봉, 용인, 개풍 등에도 있을 뿐만 아니라 또 다른 지역에서는 지명의 변천에 따라 소멸되었을 가능성도 있다. 더욱이 아이를 업은 형태의 두 봉우리는 어디에서도 찾아볼 수 있는 흔한 형태이다. 또한 실제로 맑은 날 인수봉에 올라가서 한강 이남을 보면 그곳 지형이 잘 보이지 않는다. 그러므로 부아악을 북한산 인수봉에 한정시켜 비정하는 것은 무리가 따른다.

『삼국사기』에는 비류와 온조가 고구려 주몽의 아들이고, 열 명의 신하와 더불어 남쪽으로 내려와 백제를 건국한 것처럼 기록되어 있으니, 이들이 가는 곳은 모두 '다물多勿'이 되는 셈이다. '다물'은 담(da-mu) 혹은 돔(dɔmu) 계통에서 나온 말로 여겨지는데(배우리, 1994), 이는 본서에서 주제로 삼고 있는 두모계 지명을 의미하는 것이다.

松讓以國來降, 以其地爲多勿都……
麗語謂復土爲多勿. 故以名

'다물'은 『삼국사기』 고구려본기동명성왕 2에 "송양왕이 나라를 들어 항복하여, 왕은 그 땅을 다물이라 하고……고구려 말에 복구한 땅을 '다물'이라고 말하는 까닭으로 이와 같이 이름 지은 것이다."라는 위의 기록에서 찾아볼 수 있다.

온조는 임시로 정했던 하북 위례성으로부터 전략상 유리하다고 판단되는 하남 위례성으로 도읍을 옮기기로 결정하였다. B.C. 6세기온조왕 13 7월 한산 아래에 목책木柵을 세우고 하북 위례성의 백성을 한강 남쪽으로 이주시켰으며, 그 이듬해 1월에 정식으로 천도한 것으로 생각된다.

그렇다면 한산漢山 아래에 건설했다는 도읍지는 어디일까? 이에 관해서도 학자들의 학설이 분분하다. 저자는 백제의 새로운 도읍지 혹은 그 일부가 오늘날의 하남시 춘궁동일 것으로 추정하고 있다. 오늘날의 행정동으로는 상사창동과 하사창동을 포함하는 지역이다. 그 이유는『삼국사기』백제본기제1를 인용하면서 설명하겠다.

……改號百濟
其世系與高句麗同出夫餘
故以夫餘爲氏

즉 주몽의 아들인 온조는 자신이 북부여 출신임을 강조하면서 그가 천도한 장소를 아버지의 인명이자 출신지명을 본따서 '두모'라 명명한 것으로 추정된다. 한글학회(1985)에서 출간한『한국지명총람』경기편: 상에는 '두미'로 수록되어 있으나, 현지조사 결과 주민들은 지형도상에 주기된 '두머'를 그대로 사용하고 있음을 확인할 수 있었다. 과거에는 '두머'였는데, 마을의 인구가 증가하여 행정명칭인 리里가 붙으면서 현지주민들은 '두머리'가 아닌 '두먼니'로 불렀다. 현재의 지형도에는 '두머'로 표기되어 있는데, 앞에서 설명한 것처럼 '두머' 역시 두모계 지명임이 확실하다. 또한『한국지명총람』의 '두미' 역시 tu-mo=tu-mə=to-mj=tu-mɨ의 관계에서 볼 때 두모계 지명으로 간주된다.

춘궁동은 본래 광주군 서부면의 마을이었는데, 1914년 행정구역 통폐합으로 춘장과 궁촌의 머리글자를 따서 춘궁리라 불리기 시작한 것에서 연유한다. 춘궁동에는 두모계 지명인 '두머'가 약 2000년이 지난 오늘날까지 존속되어 왔다. 고구려와 동일계통임을 알리기 위해 성씨를 부여로 정한 백제의 역대 왕들은 온조왕 이후에도 주몽에 대한 경외심은 변함이 없었던 것 같다. 2대인 다루왕이 고구려 시조 동명왕묘東明王廟를 배알하였다는 기록이『삼국사기』에 있는데, 이는 백제 왕

제 I 편 한국인과 두모사상

실에서 온조의 어머니 소서노와 주몽의 사당을 지어 제사를 지냈다는 것을 뜻하는 것이다. 또한 제6대 구수왕 때는 여름 날씨가 매우 가물어 동명왕묘에 기도하니 비가 내렸다는 기록이 있는 것으로 보아 백제의 역대 왕들이 주몽과 온조의 사후에도 그들이 백제에 축복을 내려 주는 존재라고 인식하고 있었음을 엿볼 수 있다.

인조 16년1638에 건립된 사당인 숭렬전에도 온조왕의 위패가 보관되어 있다. 청나라 태종에게 치욕적으로 패배한 직후에 사당이 건립된 것은 한강 유역의 초기 패권세력인 백제의 정통성과 역사성을 오랫동안 보존하겠다는 의지를 반영한 것으로 해석된다(홍금수, 2011, p.41).

고구려의 전통은 백제뿐만 아니라 고구려 멸망 후 발해까지 지속된 것으로 보인다. 오늘날 중국 동북 지방의 지린성吉林省 둔화현敦化縣에 있는 육정산六頂山은 발해의 시조 대조영大祚榮이 건국의 근거지로 삼았던 곳이다(光岡, 1982). 그는 말갈靺鞨의 수령 출신으로 일찍이 고구려에 들어와 고구려 사람으로 성장하여 장수의 직위까지 올랐던 인물이다(송기호, 1989). 그리고 육정산은 1949년까지 동모산東牟山으로 불렸

사진 7 숭렬전과 백제 시조 온조왕의 신위神位

으며, 발해 3대 문왕의 딸 정혜 공주가 살았던 곳이기도 하다. 여기서 '동모'는 두모계 지명의 하나로 사료된다. 이것은 평안북도 후창군 후창면에 있는 '동마東馬'와 동일한 계열이다. 두모계 지명이 '동모'로 차자되는 경우는 경상남도 진주시 지수면 동모리와 충청남도 보령시 주산면 동모리, 경기도 강화군 화도면 동모리, 경상북도 영천시 고경면 동모리 등지에서도 찾아볼 수 있다.

중국 단둥 서북쪽에 위치한 오골성烏骨城은 과거 고구려의 중요한 전략적 거점이었던 산성이다. 이 산성은 광개토대왕이 요동 지방을 차지한 후에 축조된 대규모의 내륙거점이었다. 오골성은 장백산맥과 이어진 봉황산에 위치해 있는데, 그 주봉의 형태가 봉황이 머리를 쳐들고 날개를 펼친 듯하여 명명되었다.

봉황산은 중국의 명산 중 태산처럼 웅장하고 화산華山처럼 험준하며, 여산廬山처럼 그윽하고 아미산처럼 아름답다고 정평이 나 있다. 이 산속에는 두모궁斗母宮을 비롯하여 여러 사찰들이 있는데, 그중 두모궁에는 도교의 여신 두모와 여덟 신선 중 하나인 여동빈呂洞賓도 있다. 두모궁의 두모전斗姆殿 복판에는 삼목·사두·팔비의 여신인 두모원군이 있고 그 왼쪽에 삼대성군과 남두성, 오른쪽에 좌보·우필성과 북두칠성군이 각각 자리해 있다. 두모원군은 천상에 떠있는 많은 별의 어머니로서 별을 주관한다. 남두는 삶을 주관하고 북두는 죽음을 주관하며, 모든 성군을 참배하면 복을 받고 장수할 수 있다고 한다. 두모궁의 두모斗母와 두모전의 두모斗姆가 서로 다른 한자를 쓰고 있는데, 의미상 커다란 차이는 없는 것 같다.

여기서 우리는 '두모'가 하늘의 별자리와 관련이 있음에 주목할 필요가 있다. 한반도에서 두모계 지명이 천문과 관련이 있는 경우를 전술한 바 있는 강화도 건평리에서 찾아볼 수 있다.

다음으로, 중국의『양서梁書』백제조권 54. 열전 48에 기록된 다음의 내용에 주목해 보기로 하자.

> 號所治城曰固麻 謂邑曰擔魯
> 如中國之言郡縣系也 其國有二十二擔魯
> 皆以子弟宗族分據之

담로擔魯는 중국의 군현과 같은 지방통치제도의 행정단위이므로, 당시의 '담로제'란 주성인 한성이 22개의 성을 관할하기 위해 중앙에서 지방관을 파견하는 통치체제를 의미한다(박현숙, 1993). 그리고『삼국사기』를 보자.

> 二年夏六月 松讓以國來降 以其地爲多勿都
> 封松讓爲主 麗語謂復舊土爲多勿故以名焉

고구려어로 다물多勿은 과거의 영토를 나타내므로 이는 고조선의 영토를 의미한다. 이에 대해서는 전술한 바와 같이 고구려를 건국한 주몽이 두모계 지명 출신이라는 점과 관련시켜 생각해 볼 필요가 있을 것 같다. 담로는 백제의 전신 송양국松讓國의 다물, 혹은 일본의 타무루タムル에서 비롯된 것으로 파악되고 있다(김철준, 1975, p.62).

여기서 '담로혹은 담노'는 현대어의 dam-no가 아니라 tʌm-no/tam-na의 중국식 표기로『삼국사기』와『고려사高麗史』의 탐라耽羅·탐모라耽毛羅와 동일한 음차자로 간주된다. '담擔'의 tʌm은 모음음운변화, 즉 개

사진 8 중국 오골성과 두모궁

　　　　　　　　　　　　　　　　　　제 I 편 한국인과 두모사상

음절화開音節化하여 tʌ-mu가 되고, '동음東音' 역시 tong-um이 tomu로 개음절화한다. '동東'의 경우도 마찬가지이다. 저자의 판단으로는 고대로 거슬러 올라갈수록 한국어는 오늘날의 일본어처럼 개음절구조가 존재했었던 것으로 생각된다. 이와는 달리 '노魯'의 no는 흔히 노奴·나奈·나那·내內·뇌惱·노盧·난難 등으로 음차자되는 것으로서 나라·누리의 의미를 지닌다.

이와 같은 n 음계의 사례는 고구려의 소노부消奴部·순노부順奴部, 삼한의 막로국莫盧國·구로국狗盧國·호로국戶路國, 일본의 미로국未盧國·저노국姐奴國 등이 있다. 따라서 백제의 '담로'는 성읍국가城邑國家 내지 성의 관할구역으로 풀이되는데(천관우, 1977, p.248), 이것은 지리학적으로 중심지central place와 배후지hinterland의 개념으로 파악될 수 있다. 즉, 담로제의 주성에 해당되는 한성의 지명이 두모계 지명이라는 사실은 '담'의 의미를 시사해 주는 것으로 생각할 수 있다.

초점을 다시 하남시 하사창동의 '두머'에 맞추어 보기로 하겠다. 하사창동의 고지명이 각종 역사서에는 위례성慰禮城 또는 한성漢城으로 기록되어 있으나, 그것은 수도 혹은 도읍지로서의 기반시설이 완성된 후에 명명된 아칭雅稱이거나 공식 명칭이었을 것이다. 아칭이란 사물을 고상하고 멋있게 부르는 것을 뜻한다. 특히 위례성은 고구려군의 공격으로 함락된 후에는 단지 일개 지방의 지명으로 전락하였다(今西, 1912).

『삼국사기』의 백제본기와 고구려본기에 의하면, 백제의 2차 도읍지였던 하남 위례성은 약 480년간 공식적으로 '큰 성'이란 뜻의 한성漢城이라 불렸던 것으로 추측된다. 결국 온조 일행에 의해 개척된 '두머'

는 천도 이후에 백성들 간에 회자되었을 뿐이며, 사서史書에 공식적인 지명으로 기록되지는 않았다.

고대인들은 신천지를 개척하여 정착하면 길상어吉祥語·신앙대상·지형적 특성을 반영한 지명으로 부르는 경우가 적지 않았다(楢村, 1978; 김사엽, 1979b). 이러한 지명은 문화전파의 유형처럼 공간적 영역을 넓혀 확대전파expansion diffusion되거나 인접 지역으로 이전전파relocation diffusion 되어 확산해 나아가는 경우가 보통이다(Jordan and Rowntree, 1979). 특히 이전전파는 국내는 물론 동일문화권이라면 용이하게 확산되므로 두모계 지명은 고대 한국인들이 일본으로 이주하면서 전파되었을 가능성이 크다.

일반적으로 지명은 민족과 함께 이동하는 속성을 지니고 있다(金澤, 1978, p.90). 중국의 위魏·촉蜀·오吳 3국이 정립한 시기부터 진晉이 중국을 통일한 시기까지의 역사를 기록한 『위지魏志』의 왜인전倭人傳에 나오는 일본의 투마投馬를 비롯해 규슈에는 7개의 담로가 있었다. 일본의 『고서기古書記』 및 『출운국풍토기出雲國風土記』에 나오는 출운出雲은 한반도에서 전파된 지명일 것으로 생각된다. 담로가 두모계 명칭이라면 투마 역시 마찬가지이다. 여러 차례 전술한 바와 같이 '출운'은 일본의 화명초의 훈訓에 이두모以豆毛라 하였으므로 두모계 지명이 분명하다(吉崎, 1988, p.121). 이두모는 한자로 '伊都毛' 또는 '伊豆毛'라 표기되기도 한다. 이것으로 알 수 있는 것은 일본이나 한국에서 두모계 지명에 사용하는 한자가 동일하다는 점과 '도'와 '두'가 동일한 발음으로 간주된다는 점이다. 이두모에서 '이'는 별 의미가 없는 접두어에 불과하므로 '두모'가 본래의 지명이다.

남한산청량산·객산·이성산으로 둘러싸인 분지형의 '두머'는 오늘날 공간적 범위가 축소되어 하남시 상사창동과 하사창동 사이에 소규모의 취락으로 남아 있다. 현지 주민들은 두머리·두먼니·두머골·두머 마을 등으로 부른다. 두머의 공간적 범위가 축소된 것은 한성백제가 고구려군에 함락된 개로왕 21년 이후 도읍지로서의 기능이 상실되고 취락이 쇠퇴하면서 발생한 현상일 것이다. 아무튼 '두머'는 그로부터 세상 사람들의 관심에서 멀어져 역사의 뒤안길로 사라져 갔지만, 유기체적 속성을 지닌 이 지명만은 우여곡절 끝에 주민들에 의해 그 명맥을 이어오고 있다.

조선시대에 발간된 고지도에는 이곳이 고읍古邑 또는 고말古馬 등으로 기재되어 있을 뿐이다. 지형적으로 두머는 지금의 청량산인 한산을 등지고 한강 쪽으로 열려진 분지인데, 남한산성은 대부분의 한국 사학자들의 견해와 달리 이때에 처음 축조되었을 것으로 생각된다. 산으로 둘러친 이곳의 지형적 조건은 천혜의 요새이며 한강을 끼고 있는 까닭에 방어와 교역에 유리하였을 것이다. 이러한 두모식 도읍 입지는 백제인들이 일본 열도로 건너가 나라奈良에 뿌리를 내렸는데, 그 지형의 규모가 두머와 차이는 있으나 북쪽으로 열린 분지와 지세가 매우 흡사하다.

온조가 하남 위례성으로 천도하고 백여 년이 흘러 제4대 개루왕이 즉위하였다. 뒤에 하나의 사건이 발생하였는데, 별로 주목할 만한 사건이 아닌 듯 한데도 『삼국사기』 열전列傳, 제8에 다음과 같은 기록이 있다.

……其妻美麗 亦有節行 爲時人所稱

蓋婁王聞之 召都彌與語曰 凡婦人之德

雖以貞潔先……

　도미都彌는 비록 보잘 것 없는 백성이지만 자못 의리를 알며, 그 아내는 아름답고 품행이 방정하여 주위 사람들의 칭찬을 받았다. 개루왕이 이런 소문을 듣고 도미를 불러 말하기를 "무릇 부인의 덕은 정결이 제일이지만, 만일 내가 은밀한 곳에서 유혹하면 마음이 흔들리지 않을 사람이 드물 것이다."라고 하자 도미가 대답하기를 "사람의 정은 헤아릴 수 없습니다. 그러나 신의 아내 같은 사람은 죽더라도 유혹에 넘어가지 않을 것입니다."라 대답하였다. 그러자 개루왕은 이를 시험해 볼 속셈으로 도미를 머물게 하고 신하 한 사람을 왕으로 위장하게 하여 도미의 집에 가서 도미 부인에게 "내가 오래전부터 너의 아름다움을 듣고 너의 남편과 장기 내기를 하여 이겼다. 내일은 너를 궁궐로 데려가 궁녀로 삼을 것이니 지금부터 네 몸은 나의 것이다."라고 하면서 부인을 범하려 하였다. 부인은 "국왕의 명령일진데, 제가 감히 거역하겠습니까? 청하옵건대 대왕께서는 먼저 방으로 들어가소서. 제가 옷을 고쳐 입고 뒤따라 들어가겠습니다."라 말하고 다른 노비를 자신으로 단장시켜 방으로 들어가 수청을 들게 하였다.

　후에 왕이 속은 것을 알고 크게 노하여 도미를 죄로 얽어 두 눈동자를 빼고 사람을 시켜 끌어내어 작은 배에 싣고 물 위에 띄워 보냈다. 그리고 그의 부인을 강제로 겁탈하려고 하였는데, 도미 부인은 "지금 남편을 잃어 혼자 몸으로 살아갈 수 없게 되었습니다. 더구나 대왕을 모시게 되었으니 어찌 감히 거역하겠습니까? 그러나 지금은 월

경으로 온 몸이 더러우니 다른 날에 깨끗이 목욕하고 오겠습니다."라고 하니, 왕이 그 말을 믿고 허락하였다. 그 길로 도주한 도미 부인은 강어귀에 이르렀지만 배가 없어 통곡하던 중 홀연히 한 척의 배가 물결을 따라 오는 것을 발견하였다. 부인은 그 배를 타고 천성도泉城島에 이르러 남편을 만났는데 아직 죽지 않고 살아 있었다. 그들은 고구려에 당도하여 일생을 마쳤다.

이 열전은 개루왕이 도미의 아내를 유혹하려다 실패한 사건을 기록한 내용이다. 『삼국사기』백제본기제1에 개루왕의 품성이 공순했던 것으로 기록되어 있음에도 불구하고 여염집 아낙을 탐한 것으로 보아 그녀의 미색이 대단했던 모양이다. 이상과 같은 내용 중 저자는 '도미'라는 이름과 나루터 지명에 주목하고 싶다. 한자로 '都彌'라 차자된

사진 9 두모계 지명이 많이 분포하는 한강 유역의 위성사진

그림 12 하남시 하사창동 두머의 지형도

지명은 이미 밝힌 바와 같이(남영우, 1996) 두모계 지명에서 mi>mʌj>
mʌ>, 즉 '미>뮈>머'의 과정을 거치면서 쉽게 모음변화를 일으켜
전음화된다. 또한 도미 부인이 배를 타기 위해 찾아간 나루터가 도미
진渡迷津 또는 都彌津이라면, 이는 필경 도미 부인에 얽힌 전설에서 비롯
되었을 것이다(배우리, 1992).

　여기서 도미 부인이란 도미의 아내라는 뜻인데, '도미'는 이름이라

기보다는 도미 출신이거나 도미에 거주하는 사람을 가리키는 것으로 파악해야 한다. 도미 부부가 현재의 하사창동구 춘궁동, 즉 당시 두머에서 배를 타고 고구려로 도주하기 위해서는 우선 한강 나루터로 가야 했을 것이다. 그 나루터가 도미나루라는 것인데(한글학회, 1985, p.206), 이곳은 대동여지도 및 군현도郡縣圖 등의 고지도에는 두미斗迷나 도미渡迷 등으로 주기되어 있으며, 현재는 하남시 배알미동에 해당한다. 도미 부인이 남편을 만났다고 기록된 천성도가 오늘날의 어느 곳인지 알 수 없으나, 이 일대에 두모계 지명이 많이 분포하는 것은 특이할 만하다. 즉 하남시 춘궁동 동쪽의 도마산刀馬山·도마치刀馬峙·윗도마치·아랫도마치 등이 그것인데, 이들 지명의 속지명은 모두 두모계에 속한다.

두모사상의 뿌리내리기

　중국으로부터 풍수지리설이 유입되기 전에 건설된 삼국시대의 도읍지는 고구려의 환도성·평양성과 백제의 위례성·웅진성·사비성의 경우와 같이 하천을 끼고 산으로 둘러싸인 배산임수背山臨水나 좌청룡우백호左靑龍右白虎의 분지지형, 또는 분지와 유사한 분지형 지형이다. 그와 같은 도읍지의 입지 형태는 일본 나라 분지의 명일향明日香·평성경平城京과 교토 분지의 장강경長岡京·평안경平安京 등의 고대일본에서도 찾아볼 수 있다. 특히 6~7세기 추고조推古朝의 도읍지였던 아스카飛鳥 지방의 야마토大和의 아스카明日香는 전술한 바 있듯이 하남 위례성의 일부로 추정되는 두머와 지형적으로 규모의 차이는 있지만 두머와 지형적으로 매우 흡사하다. '飛鳥'는 '明日香아스카'를 수식하는 수사인 셈이다.

　이와 같이 지명은 인간에 의해 전파되는 문화적 실체이므로 장소·시간·언어가 상이할지라도 약간의 변화를 수반하면서 근원어根源語를 유지하는 속성이 있다(Gelling, 1976). 유럽인들이 아메리카 신대륙으로 진출해서도 지명을 그들이 살던 고향의 지명으로 명명한 것도 이와 같은 사례이다. 또한 신대륙에서 사람들이 처음 거주하던 지역으로부터 주거지가 확대되면서 동일한 지명이 반복적으로 나타나는 것은 이주경로를 잘 보여 주는 것이다. 예를 들면, 영국의 랭커스터Lancaster라는 지명이 영국의 이주민들이 거주하고 있는 오스트레일리아, 캐나다, 미국 등지에서 발견되는 것은 그 지역에 거주하던 사람들이 이주하여 그 지명을 그대로 사용하는 경우이다. 미국의 동부에서 중부, 그리고 서부로 주거지가 확대되면서 지속적으로 동일한 지명이 나타나는 현상은 영국인들의 이주경로를 추적할 수 있는 좋은 사례이다(이혜은, 2008).

풍수지리의 근간은 장풍득수를 위한 배산임수와 좌청룡 우백호에 있다. 이러한 지형은 공교롭게도 두모형 지형과 동일하다. 풍수지리는 음택풍수陰宅風水와 양택풍수陽宅風水로 대별되는데, 우리나라 사람들은 음택풍수에 더 관심을 가지고 있는 것이 사실이다. 또한 풍수지리에서는 궁극적으로 명당明堂에 관심을 기울인다. 명당은 지기地氣가 흘러나오는 혈穴 앞에 펼쳐진 곳을 가리킨다. 명당을 찾기 위한 방법에는 간룡법·장풍법·득수법·정혈법 등이 있는데, 간룡법看龍法은 지기가 흐르는 산줄기의 좋고 나쁨을 가리는 법이며, 장풍법藏風法은 산줄기를 타고 흘러온 지기가 바람에 흩어지지 않도록 산세가 잘 감싸고 있는가를 살피는 법이다. 그리고 득수법得水法은 물을 얻어 지기가 머물러 모여 있는지를 살피는 법이며, 정혈법定穴法은 지기가 풍부한 명당의 위치를 정확히 짚어 내는 법이다. 이들 네 가지 방법은 모두 명당을 찾기 위한 입지선정의 원리이다. 이렇게 선정된 장소에 형국론形局論에 따라 좌향론坐向論을 적용한다는 것이 명당을 찾는 방법이다. 이와 같은 풍수지리설은 우리 민족에게 오랜 기간 체득되면서 하나의 사상으로 자리를 잡게 되었다. 풍수지리설과 더불어 두모형 터잡기 방식인 두모설 역시 고대로부터 중세를 거치면서 우리 민족의 사상으로 뿌리를 내리게 되었다.

두 사상은 모두 한민족의 지리사상임에는 틀림없지만, 풍수지리사상과 달리 두모사상에서는 지기의 존재를 염두에 두지 않고 음택풍수에도 관심이 없었다. 풍수지리의 명당을 찾는 방법 중에서도 특히 간룡법과 정혈법은 두모사상에서 고려의 대상이 아니었다.

자연현상의 변화가 인간생활의 길흉화복吉凶禍福과 깊은 관련이 있다는 생각은 이미 중국의 춘추전국시대 말에 시작되었으나, 그것은 음양오행이나 참위설과 혼합되어 음양지리와 풍수도참과 같은 각종 예언설豫言說을 만들어 냈다. 또한 중국풍수는 한반도에 유입되면서 일종의 신앙적 측면에서 왕조의 정통성을 입증하는 어용풍수御用風水로서 뿐만 아니라 묘지의 입지로서 명당만을 탐색하는 일종의 지술地術로 변질되었다. 지리학적으로 볼 때, 우리나라의 국토 중 중요하지 않은 땅은 한군데도 없다. 우리 조상들은 비록 척박한 자투리땅이라도 그것을 지키기 위해 목숨을 바쳤으나, 풍수에서는 오직 길지 혹은 명당에만 관심을 기울인다. 그뿐만 아니라 한국풍수는 오랜 역사를 지나 오면서 미신적 요소가 너무 깊숙이 가미되어 있어서 정상과학正常科學으로서의 자리매김에는 한계를 드러낼 수밖에 없다.

이미 지적한 것처럼 풍수지리에서 말하는 형국론은 본디 중국풍수에서는 일반화된 적이 없는 한국풍수만의 특징이다. 형국론에서 지세를 동물이나 식물 모양에 비유하여 땅의 성격과 기질을 설명하는 것은 매우 주관적이다. 또한 풍수가들은 풍수사상이 음양론과 오행설을 기반으로 하고 주역周易의 체계를 주요한 논리 구조로 삼는다고 정의하는데, 그중 오행설만 하더라도 우리나라에 들어와서는 사주·관상·점 등의 미신으로 전락하였다.

한민족의 뿌리라 할 수 있는 북방계 고대민족인 예맥족은 몽골고원이나 북만주에서 불어오는 황사와 차가운 강풍을 극복하고 건조한 자연환경에 적응해야만 생존할 수 있었다. 뷔름 빙기Würm glacial stage에 형성된 빙하는 지금으로부터 2만 년 전에 최고조에 달했으며, 그 이후부터는 점차 축소되었다. 그리고 빙하시대는 1만 년 전에 세계적인 기온의 급상승으로 종말을 고하게 되었다. 이러한 기후의 격변으로 인류의 생활양식은 크게 바뀌어 신석기시대가 시작되었고, 온난화에 의해 툰드라 초원은 삼림지대로 회복되었다.

신석기시대의 인류는 초기 농업의 전파 범위 그 자체가 재배작물의 생리적 조건과 환경에 따라 공간적으로 명확하게 한정되었으며, 또 시간적으로도 계절의 변동에 따라 작물의 수확이 좌우됨을 인식함으로서 자신의 능력을 넘어서는 힘의 존재를 의식하게 되었다. 자신의 능력과 소망을 바깥으로 유출시키려는 행위가 주술呪術이었다(鈴木, 1988, pp.50–51). 이에 대하여 자신의 능력을 초월한 것과 관계를 의식하는 것이 사상이며 종교가 된다. 그러나 농경의 시작이 인류가 사상과 종교를 가지게 된 시발점이라고 생각할 필요는 없을 것이다. 자연환경을 극복할 수 없다는 것과 초월적 존재에 대한 인류의 이해는 인류가 지구 상에 등장하면서부터 지니고 있었기 때문이다. 인류는 이미 오래전부터 태양, 땅, 달, 비 등이 지닌 힘을 인지하고 그것들을 숭배하였다. 그리하여 인류는 태양신, 토지신 등의 신앙과 그에 대한 생각을 하게 되었다.

인류의 체형과 형질은 자연환경의 영향을 받아 왔다. 그러나 인간의 사고思考까지 환경의 산물이라고 단언할 수는 없을 것이다. 또한 인간의 사고와 정신이 인류 보편의 것이라는 암묵적 전제도 자연환경의 영향에 관한 논의를 받아들이기 어려울 것이다. 그럼에도 불구하고 모든 인류에 공통적으로 적용될 수 있는 무엇인가가 있을 것으로 생각된다. 인류가 채집생활과 수렵생활을 할 때의 생각과 농경생활을 시작하면서 느낀 생각에는 공통적인 것도 있겠지만 무언가 한걸음 더 나아간 사고가 형성되었을 것으로 짐작된다. 농경생활이 채집 및 유목생활보다 좋은 이유는 농사를 짓기 위한 정착생활을 함으로써 여러 경로로부터 온갖 정보가 유입되므로 주민들의 정보축적에 유리하기 때문이다. 인간은 자연환경에 순응하면서도 극복해 보려는 의지도 생겨났을 것이다.

그러한 생활의 반복 속에서 기후순화와 지형순화가 인간 자신도 모르게 형성되었을 것이라는 가설은 손쉽게 세울 수 있다. 물론 인간은 환경에의 종속을 거부하고 싶은 심정을 지니고 있으며, 인간 스스로 헤쳐 나아갈 수 있다는 인간중심주의도 가지고 있다. 그러나 인간은 부족 공통의 심볼로 돌을 섬기거나 곰 또는 호랑이를 신으로 섬기기도 했다.

어떤 집단은 초원을, 어떤 집단은 사막을 그들의 생활 무대로 하듯이, 산과 들을 거처로 하는 집단도 있다. 건조한 토지가 유일신唯一神을 낳게 한다는 사실은 기독교, 이슬람교, 유대교, 조로아스터교 등의 종교가 모두 오아시스 종교라는 것을 설명하면 이해하기 용이할 것이다. 사막적 색채를 지닌 이들의 종교는 절대자의 판단에 따라 단정적인 방향을 제시하지만, 이와는 달리 습윤한 토지는 '판단중지'라는 사상적 깊이에 도달할 수 있는 여지를 제공해 준다(鈴木, 1988, pp.164-165). 이러한 현상은 지리적 현상인 동시에 자연환경과도 관련된 것이라고 결론지을 수밖에 없다.

일본의 카가미(鏡味, 1964)의 주장처럼 '두모'는 한민족을 비롯한 동아시아의 동이족東夷族에게는 마을을 만들고 도읍지를 정할 만한 신성한 땅이었다. 산으로 둘러싸이고 하천이 휘감아 도는 배산임수와 좌청룡 우백호의 두모형 분지는 사람들이 마을을 만들어 살아가고 농사를 짓기에 매우 적합한 땅이었기에 더 이상 바랄 것이 없는 신성한 땅으로 인식되었던 것이다. 풍수지리설에서 보이는 같은 피를 나눈 가족들이 대대손손 동기감응同氣感應하기 위해 명당을 열망하는 탐욕스러운 생각이 두모사상에는 존재하지 않는다. 그러한 사상이 본래 고대인들이 지니고 있던 순수한 사상이었을 것이다.

그렇다면 고대에 형성되었을 것으로 추정되는 두모사상이 언제까지 지속되어 왔는지 의문이 생긴다. 두모사상이 중세까지 존재했었다는 증거는 조선 왕조의 한양 천도에서 찾아볼 수 있다. 조선 개국 초에 수도입지를 두고 분분한 논쟁이 있었다. 개국 초기에 일시 정도하려고 시도했던 계룡산 남록의 신도안新都內은 당시에 유력한 도읍지 후보 중 하나였다.

신도안은 계룡산 남동쪽 기슭, 갑천甲川의 분류인 두마천豆麻川 상류의 분지에 위치해 있다. 두마천은 오늘날 두계천으로 바뀌었다. 북쪽은 계룡산과 치개봉이 북서와 북동쪽에 높은 능선으로 등줄기를 이루고, 서쪽은 계룡산에서 남으로 뻗는 계룡산맥의 향적산·국사봉 등이, 동쪽은 관암산·시루봉·조개봉 등이, 남쪽은 금암산이 가로막아 사면이 산으로 둘러싸여 있으며, 남동쪽만이 두마천 계곡에 의하여 트여 있다. 이 지형은 한국도참韓國圖讖과 풍수지리설에서 말하는 이상적 지형으로서 십승지지十勝之地의 하나로 꼽힌다. 부근의 계룡산은 신라 말에서 고려 초부터 한국의 고유 신앙인 산신숭배관념山神崇拜觀念으로 제사를 지내던 명산이다. 조선을 창건한 이태조가 공주 계룡산을 답사하고 이곳에 도읍지를 정하기로 하여 공역工役을 시작했으나, 국도國都로 부적당하다는 반대 의견이 나와 1년 만에 공사를 멈추었다.

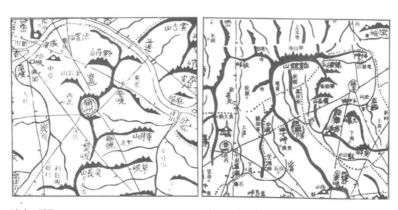

경기도 광주   계룡산 신도안

그림 13 고지도에 나타난 두모계 지명의 지형

제I편 한국인과 두모사상

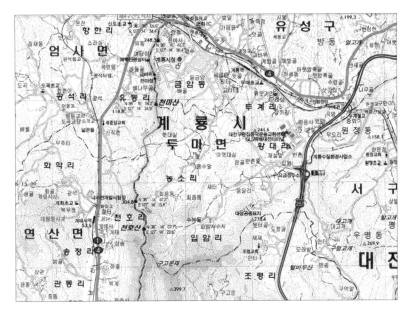

그림 14 신도안의 지형도

한양이 도읍지로 결정된 뒤에도 계룡산은 국도 풍수의 측면에서 신비롭게 여겨진 곳이었다. 그 후 오늘에 이르기까지 계룡산을 중심으로 한 신도안 일대는 도참·풍수설에 의한 정감록鄭鑑錄, 즉 정씨 왕조鄭氏王朝라는 세계 통일 정부가 세워진다고 보는 정감록 비결사상秘訣思想이 깃들어 있다.

신도안이 도읍지로 결정되어 공사에 돌입하기 전의 지명은 두모계 지명이었을 것으로 추정된다. 좌청룡 우백호 및 배산임수의 분지 한가운데를 흐르는 두마천은 이곳의 지명이 두마였음을 시사하는 것이다. 현재는 충남 계룡시 두마면에 '두마'라는 지명이 남아 있다. 그 당시 도읍지의 입지 기준은 풍수지리설에 의존하는 바가 컸겠지만, 여

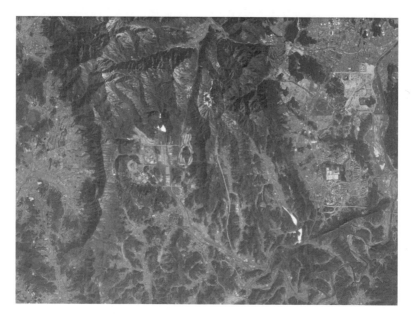

사진 10 신도안의 위성사진

그림 15 신도안의 건설 상상도
출처: 계룡시.

기에는 두모사상과 풍수사상이 절충되었거나 혼합되어 있었을 것이라는 상정이 가능하다. 신도안의 사례에서 우리는 고대국가와 중세국가 간의 수도입지론 내지 취락입지론에 차이가 없었음을 확인할 수 있다.

두모계 지명의 지리학

지명 연구의 의의

지명은 인명과 마찬가지로 일정한 부류에 속해 있는 것들을 총체적으로 부르는 보통명사가 아니라 그 부류에 속해 있는 특정한 위치 또는 공간적 범위를 지칭하는 고유명사이다(楠村, 1978). 일반적으로 지명은 인간이 생활을 영위하는 동안에 어떤 형태로든지 토지를 이용하는 과정에서 두 명 이상의 사람들 간에 공통적으로 사용되는 부호라고 정의할 수 있다(남영우, 2008). 인명이 사람에 관한 명칭으로 개인이나 집단을 다른 것과 식별하기 위한 기능을 가지고 있듯이, 지명은 지표면상에 유일하게 존재하는 특정 부분에 관한 명칭으로써 그 지점·선·면을 다른 것과 식별하는 기능을 지니고 있다(松尾, 1959; 1970).

지명은 본래 토지에 부여되는 이름이므로 토지의 자연·인문적 성격을 반영하는 것이 보통이며 문화현상의 일종으로 파악될 수 있다.

또한 지명은 인간이 습득한 언어 형식의 하나로 주관성과 객관성이 교차하는 역동적 존재로 이해될 수 있다(지헌영, 1942). 지명은 시대의 추이에 따른 속성과 공간적 변화를 수반한다. 다른 모습으로 변신한 지명의 정체를 파헤쳐 본연의 모습을 규명해 낼 수 있다면, 지명은 시간과 장소를 설명해 주는 열쇠로서 오늘을 사는 현대인 앞에 새롭게 다가설 것이다.

지명은 장소의 이미지를 반영하는 지리학적 언어라 할 수 있다. 땅을 개척하면서 생활공간에 각인되는 문화경관 중 하나이므로 인간의 의지도 반영되어 있다고 보아야 한다. 직접적 또는 은유적으로 명명된 지명은 지역공동체에 공유되어 장소에 대한 고정된 이미지를 형성한다. 이를 통하여 지명은 하나의 통일된 언어로 존재하면서 의사소통의 수단으로 사용되고 유기체와 같은 생명력을 지닌다. 지역사회에서 구전口傳되는 지명은 전파되거나 기록됨으로써 시간적 지속성을 가진다. 기록된 지명으로 말미암아 장소에 대한 이미지는 시간적 영속성을 가지게 되고, 일부 화석화된 지명은 지역의 역사 및 지리연구에 중요한 단서를 제공하기도 한다(김기혁·임종옥, 2008, p.15).

지명학자 오루소(Aurousseau, 1957)가 지적한 바와 같이, 지명은 장소명칭place name과 지리명칭geographical name으로 구별될 수 있다. 전자는 특정 국가에 존재하는 장소의 명칭이고, 후자는 특정 언어로 표현되는 장소의 명칭이다. 지명은 민족 또는 국가 간의 교류가 증대됨에 따라 국제화, 나아가 세계화되기 마련이므로 오늘날에는 단순한 장소명칭이라기보다는 문화적 의미가 가미된 지리명칭의 개념으로 인식되고 있다. 따라서 지리명칭으로도 불리는 지명은 고유명사이므로 지리용어geographical term와 구별하여 사용함은 당연한 일이다(Stamp, 1961). 지리명칭을 구성하는 고유명사 가운데 과거에는 보통명사였던 것이 오늘날에는 화석화된 것이 있으며 의미가 중복된 명칭도 발견된다. 지리명칭의 어원에 관한 고증적 연구의 의의는 중복명칭tautological names을 분석하여 선주先住·후주後住의 민족관계를 파악할 수 있다는 점에 있다.

영국에서 말하는 장소명칭의 개념은 시市·읍邑·면面이라는 특정한 장소를 위시하여 주거 지역의 집터·농장 등과 같은 건축물이나 산과 하천 등의 자연물을 포함한 거처명칭이었다. 그 후, 도버 해협 등의 해역명칭이나 자연지리적 형상에 관한 명칭 등도 지표면의 특정부분을 지칭하는 고유명사로서 장소명칭과 더불어 중요해지게 되었다. 그리고 '고유명사를 포함한 지리적 명칭a geographical expression containing a proper name'도 내포한 명칭개념을 생각할 필요성이 대두되고, 타국의 지명을 영어식으로 표현하게 되자 장소명칭이 부적절함을 깨닫게 되었다. 그리하여 영국은 국내지명은 장소명칭으로, 해외지명은 지리명칭을 사용하기에 이르렀다. 미국 역시 영국과 마찬가지로 장소명칭과 지리명칭을 병행하여 사용하고 있다(Aurousseau, 1957, pp.1-10). 독일의 ortsnamen 역시 과거에는 국가명과 주명州名이 대립적으로 사용되었으며, 영어의 place name과 동일하게 사람이 거처하는 명칭으로 사용되었다. 이후에 영국이 겪었던 것과 마찬가지로 지명이 자연적 형상에 대한 고유명칭과 독일 이외의 외국지명을 지칭하게 되면서 geographische namen을 사용하기에 이르렀다.

지리명칭 가운데 지명에 대한 관심은 일반적으로 높은 편이라고 할 수 있다. 그 이유는 지명이 기본적으로 육지, 즉 인류의 안정적 일상 생활을 영위할 수 있는 공간에 대하여 주거 및 의식衣食의 대부분을 공급함과 동시에 그것에 부적당한 장소를 알려 주는 역할을 포함하고 있기 때문이다. 한마디로 인간의 생존과 밀접한 관련이 있다는 것이 다(千葉, 1994, p.19). 그럼에도 불구하고 학문 분야 중 현실적으로 지명에 대한 체계적인 고찰을 시도하는 과학은 어느 나라에서도 존재하고 있지 못한 실정이다.

지리명과 그 구성요소를 이루는 용어 연구에서는 고증적 입장에서의 지리학적 관점은 물론 민족학적, 역사학적 시야에 기초한 어원적 규명이 선행되어야 할 것이다. 지명은 순간적으로 변화하는 것이 아니라 상당한 기간에 걸쳐 지속되는 속성을 가지고 있으므로 쉽게 변화하지 않는다. 그러므로 현시점에서 고찰하기 위해서는 그 지명의 발생시점부터 파악하지 않으면 안 된다. 또한 지명의 의미 및 내용으로부터 그것을 분류하여 연구해야 한다. 처음 그 분류를 위해서는 원칙을 세워 두어야 하며, 특정 장소의 명칭과 넓은 범위를 가리키는 지명은 자연히 그 의미와 성질을 달리한다.

지명은 인간이 호칭하는 것이기 때문에 문화의 표상이라 간주해야 한다. 그러므로 지명은 문화를 분류할 경우의 원리, 즉 그 문화를 창출한 사람들의 생활이 낳은 것임이 분명하다. 더욱이 지명은 인류가 존재하는 자연의 성질로부터 발생한 활동이나 사고思考와 아무런 관련이 없을 리 만무하다.

지리명칭의 고증적 연구는 토지와 인간을 하나로 간주하여 토지명칭과 그 주민명칭을 동일한 명칭으로 부르는 경향을 실증할 수 있는 사례를 찾는 데 의의가 있다. 인간에게 부여된 환경은 그 위에 생활하는 사람에게 어떤 형태로든 영향을 미치기 마련이다. 따라서 우리는 토지와 인간이 밀접한 관련성이 있다고 보는 지인상관론地人相關論을 간과할 수 없을 것이다. 또 다른 지명 연구의 의의는 각 용어에 대하여 각 민족이 지닌 관념의 공통점과 상이점을 밝히는 데 있다(椙村, 1992, pp.405-406).

이상에서 설명한 지명 연구의 관점과 더불어 유념해 두어야 할 것은 지명 중에는 자칭과 타칭에 의해 생성된 것이 존재한다는 사실이다. 전술한 바와 같이 혈연 및 족연族緣으로 결합한 소규모 사회집단의 지명호칭은 더 넓은 지역사회가 공유하는 인식에 기초한 지명과는 상이하다.

이처럼 민족문화의 상이성과 생활환경의 차이가 만든 지리명칭의 차이는 주민이 자칭하는 지명과 타 지방 주민들이 부르는 지명 간에 차이가 나타나는 경우와 동일선상에서 이해해야 한다. 가령 '핀란드'라는 명칭은 자칭이 아니라 영어를 알고 있는 타 지역 주민들에 의해 생겨난 타칭의 지명이다. 자칭 지명은 핀란드가 아닌 수오미Suomi였다. 또 이탈리아의 피렌체는 영어와 불어로는 플로렌스에 해당하는 지명이다. 이와 마찬가지로 본서에서 고찰하려고 하는 두모계 지명 역시 인접국 또는 타 민족들은 우리나라와 다른 발음이나 의미로 사용할 수도 있다. 만약 두모계 지명의 자칭 및 타칭이 동일하다면, 그것 또한 매우 중요한 의미를 가지는 것이라 생각할 수 있다.

지명에 관한 선행연구

지리학에서의 지명 연구는 지역의 역사를 규명하기 위한 것뿐만 아니라 고대 및 중세어와 방언의 형태가 녹아 있는 문화적 자산으로 인식되면서 다양한 방법으로 이루어지고 있다. 지명에 대한 관심이 높아진 이유는 인류가 안정적으로 일상생활을 영위하는 공간에 대해 관심을 가지게 되었기 때문이다. 그 공간은 인간에게 의식주의 대부분을 공급해 주고, 부적당한 장소를 식별하기 위한 수단으로 명칭을 부여받게 된다. 그럼에도 불구하고 여러 학문 분야 중 지명을 체계적·조직적으로 고찰하는 학문 분야는 확립되어 있지 않다.

우리나라는 1945년 광복 이후 1957년 국방부 지리연구소와 중앙지명위원회가 설치되어 각급 지방자치단체별 지명제정위원회를 설치하여 지명을 조사·심의하였다. 1970년에 한글학회에서 『한국지명총람』을 출간하였으며, 그 후 우리의 것을 되찾자는 뿌리 찾기와 '내 고장 전통 가꾸기 운동'이 전개되면서 각 지방의 관청이나 문화원을 중심으로 지명자료집의 발간이 활기를 띠게 되었다(김기혁·임종욱, 2008, p.16).

지명 연구가 학술적 체계를 갖추지 못한 상태이지만, 지명학toponomy은 권위 있는 과학의 한 분야로서 오랜 역사를 지니고 있는 것 또한 사실이다. 이 학문 분야는 본질적으로 특정 국가의 언어로 그 나라의 주거지, 혹은 주거지였던 곳이거나 무주지無主地였던 곳을 나타내는 명칭에 관한 역사·문화적 연구를 한다. 대부분의 지명 연구자들은 주로 place name보다는 geographical name을 연구대상으로 하고 있다. 즉 지명을 장소명칭이 아닌 지리명칭으로 인식하고 있다는 것이다.

지명은 지표상의 특정 부분을 차지하는 면적 범위만을 의미하는 것
이 아니다. 지표상에 존재하는 점적인 것도 지명 속에 포함시킨다. 예
를 들면 북극점과 남극점 등이 그것이다. 또한 선線으로 표현되는 선
적 연장물을 가리키는 경우도 있다. 예를 들면 교통로와 산맥·하천
등이 그것이다. 그러므로 본서에서는 두모계 지명 중 취락명칭뿐만
아니라 산·하천·고개·시설물 등을 모두 분석대상으로 하였다.

지명학은 그리스어의 '장소'로부터 파생된 topo와 graphe(graphō)의
합성어이므로 특정 장소의 경관을 기술하는 학문을 가리킨다. 이에
대하여 지리학의 geography는 땅을 의미하는 geo와 graphy의 합성어
이므로 지리학이 설명하는 객체는 지구 표면으로서 지명학보다 범위
가 더 넓다. 따라서 지명의 객체가 지구 표면 전체에 걸친다고 생각하
게 되면 지명 연구toponyms에 대응하는 용어는 place-name보다 geo-
graphical name이 적절하다고 확인할 수 있다.

한국어의 '지명'이라는 말은 '토지의 명칭'을 축약한 단어로 영어의
place name, 프랑스어의 nomes de lieux, 독일어의 ortsnamen에 대응
한다. 상술한 바와 같이 영어와 독일어에서도 지명을 의미하는 단어
로서 place name과 ortsnamen 이외에도 geographical name과 Geog-
raphische Namen이 사용되고 있다. 최근 서양의 지명 관련 기구에서
는 place name보다는 geographical name을 사용하는 경향이 있다.

오루소(1957, p.17)는 전술한 바와 같이 영국의 영어 지명을 뜻하는
place-name of England와 국외의 영어 지명을 뜻하는 English ex-
onyms를 총칭하여 English geographical name이라는 용어를 사용한

바 있다. geographical name이 영국 국내와 국외 지명을 모두 포괄하게 되었기 때문에 English geonyms라는 용어는 사용하지 않았다.

라틴어 및 이탈리아어의 Roma는 독일어로는 Rom, 스페인어로는 Roma, 프랑스 및 영어로는 Rome, 아랍어로는 Rum, 러시아어로는 Rim으로 쓰인다. 이러한 차이는 발음상의 차이일 뿐 장소는 동일하다. 본서에서 연구대상으로 삼고 있는 두모계 지명 역시 지역과 국가에 따라 표음과 표기의 차이가 있더라도 동일한 의미로 사용된 지명이라고 보아야 마땅하다. 두모계 지명은 place-name보다도 내포적개념에서 폭넓은 지리명칭인 geographical name에 해당한다고 볼 수있다.

우리나라의 지명 연구는 지금까지 지리학을 비롯하여 역사학·언어학·국어학·민속학 등의 분야에서 다양하게 접근해 왔다. 일제강점기에는 시라토리白鳥, 1985, 가나자와金澤, 1910, 나카무라中村, 1925, 이나바稻葉, 1925, 무코야마向山, 1926, 아유카이鮎貝, 1938 등과 같은 일본학자들의 연구가 있었고, 그 후에는 가나자와金澤, 1952, 우사미宇佐美, 1978, 카가미鏡味, 1960; 1979, 미쓰오카光岡, 1982, 야마구치山口, 1970 등에 의해지속되었다.

한편, 국내에서는 권상노1961, 김사엽1979, 강길부1985; 1997, 이병선1988, 최문희1988, 이영택1990, 전용신1993, 김순배·김영훈2010 등에 의해 지명 연구가 수행되어 왔다. 지명학地名學으로 분류될 수 있는 이들 연구는 종합과학으로서의 성격이 강하지만(山口, 1987), 역사적 관점과 어원학적 관점에서 접근된 고지명에 관한 내용이 대부분이며, 지리학적으로 접근된 연구는 드문 편이다. 더욱이 본서에서 고찰하려는 두모와 관련된 국내 연구는 저자의 연구만이 있을 뿐이다(남영우, 1996; 1997; 2008). 지리학적인 지명 연구가 중요한 까닭은 지명이 시간의 경과에 따라 변형·변질되거나 확대·축소 또는 생성·소멸하는 유기체와 같은 존재이므로 지역성과 공간적 속성을 지닌 것으로 인식되기 때문이다.

음운상 변화는 세 가지 유형으로 분류될 수 있다(박성종, 1996). 첫째 유형은 한글의 음과 동일하거나 유사한 음의 한자를 차용해 표기하는 과정에서 지명이 바뀐 취음取音의 형태이다. 고대에서 중세로 들어오는 과정에서 변화된 지명들이 이에 해당한다. 둘째 유형은 이미 한자로 표기된 지명이 의도적으로 유사한 한자로 바뀌거나 잘못 기록되어 변한 취형取形의 형태이다. 이 유형은 근대에서 비일비재하게 나타났던 현상이다. 셋째 유형은 한자의 뜻을 고려하여 유사한 의미의 한자로 바뀐 취의取義의 형태를 말한다. 이 유형은 중세에서 근대를 거쳐 현대로 들어오는 과정에서 발생한 지명 변화에 적용될 수 있다.

지명 속에는 그 장소의 시대적 우여곡절이 담겨져 있기 때문에 하나의 지명으로부터 흥미있는 사실들을 캐낼 수 있다. 이런 관점에서 저자는 두모계 지명이 전국적으로 또는 동아시아 지역에 걸쳐 광역적으로 분포하고 있다는 사실에 주목하였다. 이에 상고시대에 명명된 것으로 판단되는 고지명 가운데 두모계 지명에 주목하여 그것의 음운 체계와 공간적 분포에 대하여 고찰하였다. 그다음으로 본서에서는 두모계 지명의 지역별 사례에 대하여 분석하고 그 공통점과 차이점을 파악해 보려고 한다.

한국인의
두모사상

국토에 각인된 두모사상

현존하는 두모계 지명

두모

충북 청원군 문의면 두모리

충북 청원군 문의면 두모리斗毛里는 예로부터 풍수상 명당으로 알려져 있는 마을이다. 이 마을이 '두모'라 명명된 유래는 다른 지역과 마찬가지로 여러 설이 있다. 그중 하나는 임진왜란 때 명나라 이여송과 함께 조선에 파병된 두사충杜師忠으로부터 유래되었다는 전설이다. 그는 영남 지방의 풍수와 대구의 역사지리를 논할 때 결코 빼놓을 수 없는 인물 중 한 사람이다. 임란왜란 직후 조선에 귀화한 그는 임진년에는 수륙지획주사水陸地劃主事로, 또 정유년에는 비장裨將이라는 각기 다른 직함을 가지고 두 번이나 전란에 참여하였는데 주로 진鎭터와 병영兵營터를 고르는 임무를 수행하였다. 한마디로 지형지세를 이용하여 전쟁을 유리하도록 이끈 일종의 풍수전략가였던 셈이다.

두사충은 문의면을 지나다 고창산 앞에 펼쳐진 터를 보고 부자가 나올 터라 하여 좋아서 춤을 추었다고 한다. 그리하여 후세인들이 이곳 지명을 두사충의 성 '杜'와 춤출 '舞'를 따서 '두무杜舞'라 명명하였다는 것이다. 그러나 이 전설에서는 '두무'가 왜 '두모'로 바뀌었는지에 대해서는 아무런 설명이 없을 뿐만 아니라 한자표기도 '杜毛'가 아닌 '斗毛'로 되어 있다. 이는 구전되어 내려오는 전설에 불과함을 의미하는 것이다.

또 다른 지명유래를 보면, 백제 때 일모산군이었다가 신라 경덕왕 16년757에 연산군으로, 고려 고종 46년1260에 문의면으로 지명이 변경되었다는 것이다. 그 후, 조선 영조 후반1750~1776에 두모리와 분장리로 분리되었으나, 정조 13년1789에 통합되었고, 고종 32년1895에 군郡으로 승격되었으나 1909년에 두모리·분장리·부수동으로 분리되었다고 한다. 1930년 일제강점기에 단행된 행정구역 개편으로 두모리의 일부를 품곡리로 넘겨주고 청원군 문의면에 편입되었다. 오늘날 두모리는 두모1구와 두모2구로 나뉘어져 있는데, 두모1구는 '두모실' 혹은 '원두모'라고도 불리며 전형적인 배산임수의 형국을 취하고 있다. 두모2구는 문의면이 대대적 행정구역을 개편하면서 두모리에 포함시킨 구역이다. 결국 영조 후반에 '두모'가 새로운 지명으로 등장하게 된 배경이 불확실하다는 것을 알 수 있다.

영조 후반에 '두모'라는 지명이 처음 등장하는데, 위의 사실만으로 보았을 때는 그 이유가 불분명하다. 청원군 전설에 의하면 백제 말기에 의자왕과 신라 장군 김유신이 이 지역에서 대치하고 있을 때 신라가 첩자 백소를 백제 궁궐에 잠입시켰고, 그의 간언에 따라 두모산에

그림 16 해동지도에 나타난 양성산

쇠말뚝을 박았다는 전설이 있다. 결국 백제는 패망하였고, 통일이 된 후 신라 화랑 출신인 화은대사和隱大師의 계책에 따라 승군僧軍의 힘을 빌어 승리했음을 알게 된 국경마을 문의면 주민들이 두모산을 '양승산養僧山'이라 부르기 시작하였다. 그러나 저자가 해동지도海東地圖 등의 고지도를 확인한 결과 양승산이 아닌 양성산養城山이 있을 뿐이었다. 이것으로 미루어 볼 때 이 전설 역시 불확실함을 알 수 있다.

양성산의 지명에 주목한 전설을 보면 신라의 김유신이 삼국통일의 과업을 수행하고자 할 때 화은대사가 당시 백제 영토인 일모산에 적절한 양병지가 있음을 알고 몰래 이 산으로 잠입해 들어왔다. 그는 이 산의 형세가 승이 문전에 서서 발을 들고 시주하기를 청하는 형상이라 과연 적지適地임을 알았다. 그러나 막상 양병하게 되자 물을 구할 수가 없었다. 대사는 제물을 차려 놓고 보름 동안 제사를 지냈는데 어느날 꿈에 "물은 발鉢에 담아야 한다."라는 계시를 받아, 발을 들고 서 있는 산의 형상 중 그 발의 위치를 파도록 했더니 수맥이 터지면서 큰 물이 쏟아져 나왔다고 한다. 그리하여 수많은 수행승을 승병으로 양성하여 김유신의 통일사업을 도왔고, 이곳에서 화은대사가 중을 양병했다 하여 양성산이라 부르게 되었다는 전설이 있다.

전술한 바와 같이 문의면 두모리의 두모1구를 '두모실' 혹은 '원두모'라 불렀는데, 여기서 '원두모'란 둥그런 원圓 형태의 두모라는 뜻이었다. 사실 두모계 지명이 산으로 둘러싸인 원의 형태라는 의미를 지니고 있으므로 이는 중복어가 된다. 또 다른 해석은 원元의 의미로 원래의 두모마을임을 강조하기 위해 '원두모'라 불렀다는 것이다. 그리고 두모실의 '실'은 골짜기 또는 마을이라는 의미이다. 오늘날에는 등동천과 함께 12번 지방도가 남북 방향으로 지나가는 곳까지 두모리에 포함되어 있으나, 원래는 지세로 보아 현재의 두모실에 국한되었을 것이다.

두모마을 어귀의 왼쪽 편에는 630년 수령의 보호수가 우뚝 서 있다. 흔히 정자목이라 불리는 노거수老巨樹를 이 마을 주민들은 '두모나무' 또는 '두모목斗毛木'이라 부른다. 마을 주민들은 여기서 매년 정월이 되면 한 해를 무사히 보내기를 기원하며 떡·밤·대추 등을 정성스럽게 준비해 놓고 제를 올린다. 특히 이 마을에서는 제사를 마치고 술을 사방으로 뿌리면서 "고수레"가 아닌 "악귀야 물러가라!"라고 외치는 풍습이 전해 내려온다.

문의면 두모리는 양성산과 작두산의 산세가 수려하여 예로부터 풍수상 명당으로 알려져 있다. 이곳은 '부수골'이라 불리기도 하였는데,

사진 11 배산임수 형국의 청원군 문의면 두모리 원경

사진 12 문의면 두모리 입구의 두모나무

　　　　　　　　　　　　　　　　　　제II편 국토에 각인된 두모사상

그 이유는 풍수적으로 볼 때 연못에 연꽃이 떠 있는 형국이라 하여 '부수곡浮水谷형국'이라 전해 내려오기 때문이다. 이러한 풍수적 판단이 두사충에 의한 것인지는 불분명하다. 이곳의 길함은 정조가 사도세자의 묘를 길지로 이장하려 하자 신하들이 양성산을 추천하였다는 일화가 있을 정도이다.

이곳에 위치한 송시열의 증조부 송귀수1497~1538의 묘 역시 옥녀봉에서 뻗어 나온 지맥이 한 바퀴 돌아서는 회룡고조回龍顧祖로 우리나라 100선의 옥녀직금형玉女織金形 명당으로 꼽힌다. 이러한 이야기를 통해 볼 때, 두모리는 음택풍수에서 소문난 명당인 듯하다. 또한 이곳 두모리는 예로부터 만석꾼과 천석꾼이 배출된 마을이었다. 이 마을의 부안 임씨는 몇 대에 걸친 유명한 만석꾼이었고, 경주 김씨 가문에서는 천석꾼이 배출되기도 하였다. 두모리가 명당으로 소문이 나면서 외지인들의 무덤까지 만들어질 정도로 음택풍수로 유명해졌다.

이 마을은 경주 김씨와 강릉 함씨를 비롯하여 부안 임씨 및 양천 허씨의 집성촌이 분포했었는데, 오늘날에는 경주 김씨와 양천 허씨만 집성촌을 유지하고 있다. 그리고 조선시대 춘궁기에 빈민들에게 구휼을 베푼 통정대부通政大夫 김교1428~1480, 학문과 정사에 능통했던 유인숙1485~1545, 이조참의를 지낸 이만원1651~1709, 높은 학식으로 명성을 떨쳤던 독립지사 허병1884~1955 등의 수많은 인물이 배출되었다. 최근에도 서울의 명문대학에 입학하는 학생이 인구규모에 비해 많은 편이다. 현재 약 70가구에 불과한 작은 마을에서 많은 인재가 배출되는 이유를 이 마을 주민들은 배산임수의 명당에서 뿜어 나오는 지기 때문이라고 생각한다. 최근 문의면에서 제일가는 부촌으로 부상한 두모리

사진 13 두모리의 송귀수 묘

는 빼어난 자연환경과 수려한 경치를 자랑하며 방송 드라마의 촬영지로도 각광을 받고 있으며, 풍경화를 그리는 화가들이 정기적으로 찾고 있는 마을이다.

이 마을에는 '두모리 자랑비석'이 주민들에 의해서 세워졌는데, 비석의 내용에는 마을에 대한 주민들의 애향심이 물씬 풍긴다. 그 내용은 다음과 같다.

천하명산 구룡산 자락에 아늑히 자리 잡고
고창한 품에 안겨 부자마을 될 터라고
두사충이 손뼉 치며 춤추었다 하는 우리 마을에
하늘의 태양은 복을 내리옵고
밤하늘 저 달은 평온을 안겨 주었네
창씨 · 김씨 · 임씨 · 허씨 제거민 되어 서로 화합 시샘하듯
화목을 자랑하니 이 어찌 우리의 자랑이 아니든가

부락동구 수백 년 된 과수정은 조상 대대로

우리를 지켜 왔고 평화번영 안겨 주며 부락을 살찌우니

우리 모두 뜻 모아 받들고 지킴일세

항일독립운동학교설립은 의병장 임동묵님

춘궁기 영세민 선정베푼 홍정대부 김교의님

높은 학문 엄격한 가르침 고교훈장 허병님

을지화랑 무공훈장 육군중령 김시창님

부락민의 자랑이요 우리의 귀감일세

들녘 곳곳 울려 퍼지는 풍년가에

근면성실 억센 팔뚝 생기가 솟고

모든 이가 넉넉하고 후덕인심 베풀며 사는

으뜸마을 우리 마을 최고 마을로

동민 모두 합심일세 자랑이로네

자손만대 영원토록 이어줌일세

사진 14 문의면 두모실의 위성사진

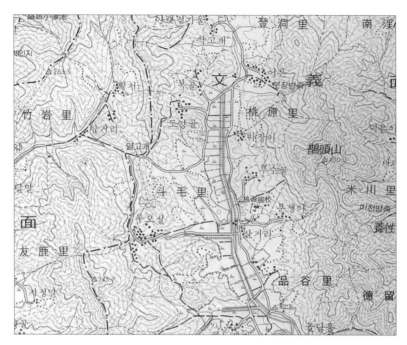

그림 17 문의면 두모리의 지형도

경남 남해군 상주면 양아리 두모마을

우리나라 각지에 분포하고 있는 두모계 지명의 유래는 본서의 사례
에서 알 수 있듯이 매우 다양하다. 경남 남해군 양아리 두모마을의 경
우 옛날 어느 도사道士가 길을 지나다가 '두모'라고 부르면 부귀할 것
이라 하였다 하여 두모豆毛라고 불리기 시작했다고 전해 내려온다. 또
는 산자山姿가 수려하고 마을의 형태가 콩의 생태 모양으로 생겼다고
하여 두모라 명명하였다는 설도 있다. 이 마을은 '드므개' 마을로도
불리는데, 이는 '드므'에서 유래된 것이다. 두모마을의 뒷산인 금산

정상에 올라 마을을 내려다보면 만입된 형태가 드므와 같다고 하여 명명된 지명이다. 그러나 두모와 드므는 동일한 형태어에서 비롯되긴 하지만 그 뿌리를 달리하므로 이들 모두 정확한 지명유래는 아닐 것으로 간주된다.

이 두모마을은 어느 마을에도 찾아볼 수 없는 4계촌村 마을로 마을회관이 중심이 되어 양지편 동쪽은 박촌朴村, 서쪽은 손촌孫村, 음지편 송림 동쪽은 김촌金村, 남쪽은 정촌鄭村으로 씨족 간 집성촌集姓村이 형성되어 있으며, 반농반어민半農半漁民이 대대로 순박하고 소박하게 살고 있는 마을이다. 산업화 및 도시화로 대부분의 집성촌들이 소멸되는 오늘날같은 상황에서 양아리의 두모마을은 잘 보존되어야 할 것이다. 이 마을에서 다른 마을로 이동할 경우에는 두모마을 북쪽의 두모현豆毛峴을 넘어야 한다. 두모현은 두모마을에서 파생된 지명임에 분명하다.

이 마을은 1998년 금산 골짜기에서 발원한 두모천豆毛川을 가운데 두고 음지와 양지를 잇는 다리가 준공되었고, 1999년 해안공원의 조성이 완료되었다. 다리 한복판 난간에 앉아 금산을 바라보면 동쪽에 우뚝 보이는 것이 상사바위이고, 좌측에 우뚝 보이는 것이 법왕대라고도 불리는 부소대이다. 부소대 아래에 새겨진 '서불과차'란 진시황의 명을 받은 서불徐市, 서복이라고도 부른다이 B.C. 219년에 지나간 곳이라는 뜻이다. 그 바위에 새겨져 있는 서불과차徐市過此, 1974년 2월 16일 경상남도 기념물지정 제6호는 서불각자徐市刻字, 남해각자南海刻字 상주리 석각자石刻字 등으로 불린다.

그것이 그림글자인지, 글자그림인지는 명확하지 않다. 또한 가리비

사진 15 양아리 두모마을 입구

사진 16 양아리 두모마을

제II편 국토에 각인된 두모사상

문자, 거란족문자, 갑골문자, 훈민정음 이전의 한국고대문자, 금석기 시대 혹은 청동기시대 고문자나 선각線刻 등으로 해석하기도 한다. 그러나 아직도 그 진실은 신비의 베일 속에 싸여 있다. 남해 상주면 양아리 산 4-3번지에 있는 서불과차를 비롯하여 백련에 2곳, 양아리에 3곳, 미조면 서리곶이에도 이러한 암각화가 있다.

그 옆 선녀골에서 내려오는 맑은 물을 마시면 장수한다고 하며, 상사바위 줄기 능선이 내려온 바위는 용굴바위, 우측의 높은 산은 천왕산이다. 또한 마을회관 뒤 높은 산허리에는 옛날 절터가 있다고 하여 오지방, 다리에 앉아 사방을 바라보면 그 아름다움이 볼 만하다 하여 다리 이름을 '두모관광교'라고 부른다. 두모마을은 서불과차 각자가 마을 안에 세 곳이나 있어 각 분야의 학계에서도 자료수집을 위해 다녀가곤 한다. 앞으로 두모마을에 대한 지명유래와 두모관광교, 서불과차의 세 요소가 중점적으로 연구될 것을 기대해 본다.

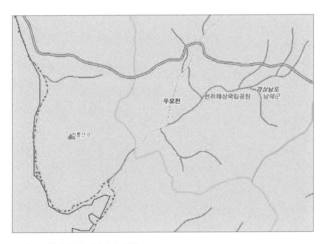

그림 18 양아리 두모천의 수계망

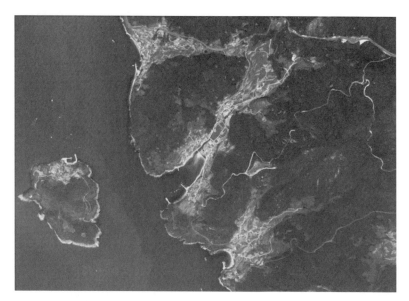

사진 17 상주면 양아리 두모마을의 위성사진

그림 19 상주면 양아리 두모마을의 지형도

제II편 국토에 각인된 두모사상

경남 합천군 삼가면 두모리

　1895년의 행정구역 개편에서 삼가현이 삼가군으로 개편되었으며, 1914년 초계군과 삼가군을 합천군에 병합하고 신원면은 거창군으로 이속되었다. 두모리斗毛里는 본래 삼가군 문송면 일대로 정동, 두무동 杜舞洞, 이문동, 두무실 등으로 호칭하였는데, 일제강점기였던 1914년 행정구역의 통폐합에 따라 현내면의 하판동, 소오동, 금동의 각 일부가 병합하여 합천군 삼가면에 편입되었다. 삼가군 문송면 두모리의 지명은 상기한 두무동과 두무실에서 유래되었을 것으로 생각된다. '두무'와 '두모'는 상호 호환되므로 '두무'가 '두모'로 바뀐 것은 쉽게 이해가 갈 것이다.

　삼가면 북쪽 합천군 가야면에 위치한 산 역시 두모산이 아니라 두

사진 18 합천군 가야면 두무산의 안내판

무산이다. 옛날부터 전해 오는 전설에 따르면, 두무산이 위치한 곳을 '신선통시'라 불렀는데, 두무산 신선이 이 통시에서 합천군 묘산 쪽을 바라보며 큰일을 보니, 바라보는 묘산은 신선을 닮아 인물이 많이 나고, 뒤쪽의 거창가조는 농토가 비옥하여 부자가 많이 난다는 전설이 있다.

두모리를 보통 두무실이라 하는데, 마을 주민들은 외동리의 문실에 들어가는 문간 어귀라는 의미로 '두무', 또는 두 곳의 물이 합해져서 흐른다고 하여 '두무실'이라 명명하였다고 인식하고 있다. 이는 지명에 맞추기 위한 지명 해석으로 보인다.

두모리는 내동과 외동의 2개 행정리와 내동, 외동, 옷밭골 등 3개의 자연마을로 형성되어 있다. 그와 같은 해석보다는 대동여지도에서 볼 수 있는 합천 북쪽의 두모산頭毛山이나 북서쪽의 도마치都麻峙에서 그 유래를 추정하는 것이 합리적일 것 같다. 내동마을은 입구에 큰 정자나무가 있는데, 그 안쪽에 자리하고 있다. 두모리는 입문동入門洞이라고도 불렸는데, 이는 문송면文松面의 입구라는 뜻이다. 삼가에서 가회로 가는 도로변 산 밑에 동서로 길게 늘어선 마을이다.

마을 뒷편은 높은 산줄기로 이어져 있으며, 앞은 넓은 '사들'이라는 들판이 있다. 이순신 장군이 백의종군 시 산청군에서 합천으로 행차할 때 이 정자나무 아래에서 쉬었고, 골 안의 노순, 노영 형제를 만나 노씨 댁에서 머물고 갔다고 전해 내려온다. 내동마을에는 현재 총 30세대 정도가 거주하고 있는데 신창 노씨 12가구, 정선 전씨 7가구, 안악 이씨 4가구, 안동 권씨 2가구, 기타 성씨 5가구가 살고 있는 집성촌이다.

이 마을에 있는 두남재는 정선 전씨의 별당재실이고, 승이재는 정선 전씨 치동공을 추모하는 장소이다. 매봉산은 내동골 안에 있는 높은 산인데, 마을을 감싸 주는 듯하는 지세가 좌청룡 우백호를 이루며, 등구지 먼당에는 아주 옛날부터 동신제를 모시던 제단이 있다.

외동마을은 문송리 입구에서 봉성초등학교 아래쪽으로 이어진 도로변의 주택지 전체를 가리킨다. 옛 문송면 사무소가 이곳에 있었다. 외동마을에는 현재 총 45가구 정도가 거주하고 있는데, 성씨별 분포는 정선 전씨 4가구, 안악 이씨 10가구, 안동 권씨 5가구, 진주 강씨 4가구, 밀양 박씨 4호, 기타 성씨 14가구이다. 전씨, 이씨, 권씨는 내동마을과 함께 집성촌을 이루고 있다.

이 지역에는 아미타불, 지장보살, 석가모니불, 관세음보살을 모신 천운사, 1970년대부터 1988년 초까지 번창하다가 폐쇄된 기와굴이 있다. 물이 잘 말라 마른 명태와 같은 형상을 한다는 명태보, 봉성초등학교 동편에 있는 골짜기로 옛날에는 공씨가 거주하였고 백자가 많이 나왔다는 분통골, 소의 귀와 같이 생긴 골 안 북쪽에 있는 소귓골 먼당, 양천강 줄기 아랫 사들 제방 밑에 있는 소沼로 늦게까지 얼음이 있는 어름소, 문실에 들어가는 문간 어귀 또는 두 곳의 물이 합해져서 흐른다고 두무실이 있다. 옛 삼가현의 객사 이름을 딴 봉성초등학교가 있었는데 폐교가 되었다.

지금의 합천군은 조선시대의 합천군·초계군·삼가현의 3개 군현이 합해져 이루어진 곳이다. 옛 합천군은 지금의 합천군 중부와 북부에, 초계군은 동부에, 삼가현은 서남부에 위치했다. 옛 합천군은 삼국시대에 신라의 대야성大耶城으로, 진흥왕 26년565에 대량주大良州를 설치

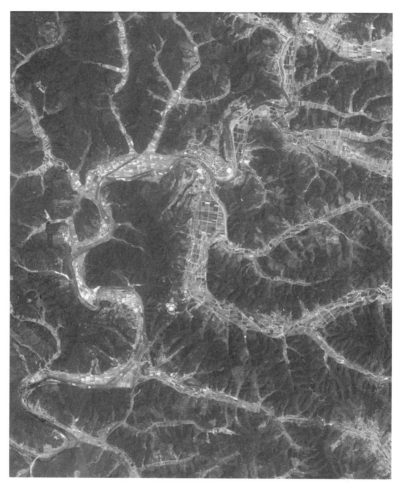

사진 19 삼가면 두모리의 위성사진

했으며, 무열왕 8년661 압량주도독押梁州都督을 이곳으로 옮겼다. 신라의 삼국통일 후 경덕왕 16년757에 강양군으로 이름을 바꾸었다. 고려현종대에 왕비 이씨의 고향이라 하여 합주군으로 승격되었고, 거창군을 속군으로, 삼기현·야로현 등 11개현을 속현으로 관할했다. 그리고

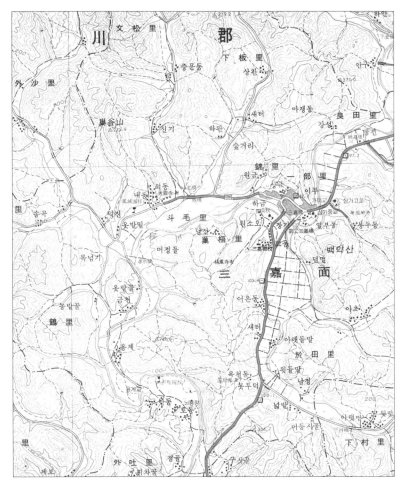

그림 20 삼가면 두모리의 지형도

조선 초의 군현제 개편으로 태종 13년1413에 합천군이 되어 조선시대
동안 유지되었다. 그 후 지방제도 개정에 의해 1895년에 진주부 합천
군, 1896년에 경상남도 합천군이 되었고, 1929년에 강양면을 합천면
으로, 상백면과 백산면을 합해 쌍백면이라고 개칭했다. 1979년에 합

천면이 읍으로 승격되고, 1984년에는 88올림픽 고속도로가 개통되면서 해인사 및 가야산국립공원에 가까운 합천군의 북부를 지나게 되어 접근성이 제고되었다.

전남 해남군 현산면 백포리 두모포

해남군 현산면 백포리의 백포만에는 연안을 따라 지석묘군과 패총의 유적이 있어 선사시대부터 주민이 살았음을 말해 주고 있다. 이곳 두모포斗毛浦는 아주 오래전부터 제주와 중국을 왕래하는 배들이 정박하는 외항外港의 역할을 했던 곳이다.

두모포는 두모리─가차리 간 간척지가 생기기 전까지는 섬이었으며, 말馬을 닮은 섬이라 하여 '말섬'이라 불렸다는 일화가 전해 내려오고 있다. 이곳이 포구였으므로 '두모포' 또는 '두못개', '두모치'라고도 불렸는데, 말과 관련된 이러한 지명으로 보아 제주도 사람들과도 깊은 연관성이 있을 가능성을 완전히 배제할 수 없다. 이와 같은 지명유래 역시 확실한 근거는 없다.

오늘날에는 해안가에 돌출한 잔구殘丘 형태의 산자락 마을만 두모마을이라 하지만, 원래 두모는 타 지역에서 보는 바와 같이 강화도 하점면을 비롯하여 더 넓은 범위였을 것으로 짐작된다. 즉 구산천이 흐르는 주변의 망부산을 비롯하여 백방산과 가공산으로 둘러싸인 비교적 광활한 범위였음을 추정해 볼 수 있다.

해남의 역사시대는 언제부터 시작되었는지 분명하지 않다. 조선시대 이후라 해도 과언이 아닐 것이다. 고려시대 이전 해남에 관한 직접적인 기록은 지리지 외에는 거의 없고 조선 초기의 역사마저도 빈약하다. 과거 해남 땅은 현재의 현산·화산·송지면 일부분, 즉 백포만 인근 지역이었으며 고려시대에는 감무監務, 하급의 지방관도 파견되지 않는 영암군 직할의 작은 현이었다.

결론적으로 고려시대까지 해남의 역사는 암흑기인 동시에 선사시대라 할 수 있다. 하지만 백포만의 역사는 진정한 해남의 토종역사라 할 수 있어 매우 중요하다. 두모 제방이 건설되기 전 백포만의 중심 물길과 뱃길은 한수내탄식천이며, 지류는 구산천이고 백방산 아래에는 '남포'라는 옛 포구가 있었다. 특히 신석기~철기시대를 고고학적으로 살펴보면 해남은 땅끝이 아닌 땅머리의 역사였다. 한·중·일 고대 뱃길과 관련해 당시 형성된 유적과 유물들을 보면 백포만 일대가 국제 해양 도시국가였음을 연상할 수 있기 때문이다.

해남 땅에 사람이 언제부터 살기 시작했을까? 5년 전 이 일대에서 발견된 중기 구석기 유물을 통해 10만여 년 전에도 사람이 살았던 것으로 새롭게 밝혀졌다. 당시는 해수면이 현재보다 100여 미터가 낮아 남해와 황해는 모두 중국, 일본과 연결되어 있어 항해할 필요가 없었다. 그러다가 1만여 년 전부터 해발고도가 현재와 유사해지면서 해남반도의 백포만도 형성되었을 것으로 추정된다. 따라서 패총유적은 신석기시대에 처음 등장한다. 그중 현산면 두모리 마을 일대에 분포하는 패총은 1986년 목포대 박물관의 약식 조사결과 신석기~철기시대에 해당되며 전남 육지부에서는 최초의 것으로 확인되었다.

철기시대기원전·후 3세기 패총유적은 송지면, 현산면, 화산면 등지에 분포되어 있는데, 이곳은 백포만 해안을 둘러싸고 있는 옛 포구였다.

이 중 송지 군곡리 방처패총은 유일하게 1986~1988년 발굴된 우리나라 철기시대의 대표유적이다. 이곳은 백포만의 동쪽 해안구릉 2만여 평에 걸쳐 형성되어 있으며 패각층의 두께는 3m 정도이다. 이곳에서는 기원전·후 3세기에 해당되는 각종 유물들이 쏟아졌다. 그중 화천은 A.D. 8~40년에 중국에서 생산된 청동화로, 출토지는 한국의 남부 고대 해로상인 사천·김해·제주 등과 일본의 쓰시마 섬對馬島과 규슈 등의 철기시대의 유적에서 발견되었다.

백포만의 출입구에 해당하는 두모마을 뒤편 해안의 남서쪽 경사면에 패각층 단면이 노출되어 있다. 이곳은 본래 섬이었으나 간척으로 인해 연륙된 곳으로 패각층은 현재 해수면으로부터 30m에 이르는 곳까지 경사를 이루며 형성되어 있다. 두모패총은 해남에서 가장 이른 신석기 유적이 발견된 곳으로 이곳에서 즐문토기편, 무문토기저부, 적갈색 경질토기 등이 수습되었다. 두모패총은 신석기시대로부터 청동기시대를 거쳐 철기시대에 이르는 오랜 기간 동안 형성된 것으로 보고 있으며 군곡패총과 함께 해남의 대표적인 패총유적이다(정윤섭, 1997).

현산면 두모리에는 진도 고군면 원포가 고향인 김철산의 처 나주 임씨의 정절과 효성을 기리기 위해 세운 정려旌閭가 있다. 이 정려는 암행어사 성수묵이 특명을 내려 세우도록 하고『삼강록三綱錄』에 올릴 정도로 이 지역의 대표적인 효녀 및 열녀 전설로 꼽히고 있다(해남군. 1986).

전해져 오는 전설에 의하면 진도가 고향인 임씨는 15세에 해남 두모마을로 시집을 왔다. 그러나 안타깝게도 남편이 병에 걸려 일찍 죽고 말았다. 일찍 남편을 여읜 임씨는 살아갈 일이 태산 같았다. 또한

　　　　　　　　　　　　　　　　제II편 국토에 각인된 두모사상

사진 20 해남군 백포리 두모포의 위성사진

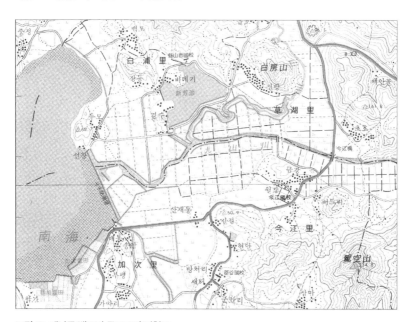

그림 21 해남군 백포리 두모포의 지형도

시아버지는 앞을 보지 못하는 맹인이었다. 그러나 임씨는 실망하지 않고 정성껏 시아버지를 봉양하며 살았다. 이 소식을 전해 들은 진도의 친정 부모는 딸을 개가시키기 위해 병세가 위급하니 급히 다녀가라며 딸을 불렀다. 임씨가 친정에 도착해 보니 병석에 누워 있어야 할 부모는 아무렇지도 않았다. 그리고 오히려 딸에게 다시 개가할 것을 권유하는 것이었다. 그러나 임씨는 맹인인 시아버지가 홀로 집을 지키고 있으니 돌아가서 봉양을 해야 한다며 친정집을 떠난다.

딸의 뜻을 바꿀 수 없음을 안 친정집에서는 마을의 청년들을 동원하여 강제로 붙잡아 데려오려고 했다. 그들을 피해 도망을 갔지만 앞에는 바다가 가로놓여 있어서 더 이상 도망갈 수 없었다. 다급해진 임씨는 천지신명께 저 바다를 건너가게 해달라고 간절히 빌었다. 그러자 이때 갑자기 호랑이가 나타나 꼬리를 흔들며 등에 타라는 몸짓을 하는 것이었다. 임씨가 등에 올라타자 호랑이는 헤엄을 쳐서 바다를 건너가게 해 주었다. 이 호랑이는 임씨가 키우던 개였는데 호랑이로 변하여 임씨를 도와준 것이었다. 임씨는 이후 평생 정절을 지키며 맹인인 시아버지를 모시고 살다 죽었다는 전설이다.

전남 여수시 남면 두모리

여수시 남면 두모리斗母里는 여수반도 남쪽에 위치한 도서 지역島嶼地域이며 대부산大付山과 옥녀봉에서 발원한 작은 하천들이 바다로 흘러들어가고, 대부분의 지역이 낮은 산지와 평지로 이루어져 있다. 두모리에 위치한 금오도金鰲島는 다도해 해상국립공원의 일부로 마치 커다란 자라를 닮았다고 하여 명명된 지명이며 각종 설화와 전설 및 민속놀이 등이 다양하게 전해 내려오고 있다. 이 섬은 숲이 울창하고 산삼이 많이 서식했던 까닭에 조선시대에는 왕실에서 민간인의 출입을 금지시켰던 곳이다. 1903년 이 섬에서 호랑이가 사람을 해친 이후부터 호환을 방비하고 주민들의 안녕과 풍년을 기원하기 위한 당제堂祭가 매년 정월 대보름에 열린다.

자연마을로는 두포, 모하, 연하동, 석문동, 조피동 등이 있다. 이 마을은 본래 돌산군 남면에 속한 지역이었는데, 1914년 행정구역 개편에 따라 모하동·직포·두포리를 병합하여 두모리가 편입되었고, 1998년 4월 1일 여천군·여천시·여수시의 통합으로 새로운 여수시 남면이 되었다.

북쪽에는 대부산이 있으며, 응봉의 준령이 서쪽과 동쪽으로 뻗어 내려 마을을 병풍처럼 둘러싸고 있어 섬에 위치하면서도 바다에 접하지 않는 모하마을이 있고, 옥녀봉과 마전등산이 동서쪽을 감싸고 있다. 이 일대의 마을은 바람을 막아 주고 물을 손쉽게 얻을 수 있는 장풍득수의 형국을 갖추고 있다. 모하마을과 조피동에 있는 저수지의 물은 서쪽 두포마을 앞에서 바다로 흘러든다.

'두모리'라는 지명은 두포斗浦와 모하母賀에서 첫 글자씩 따서 지금의 이름이 정해진 것으로 전해지고 있다. 두포의 옛 이름은 봉산의 사슴을 잡기 위해서 관포수官捕手들이 처음 도착한 마을이라는 뜻으로 '첫개'라 하였는데, 이를 한자로 훈차하여 초포初浦가 되었다. 전술한 것처럼 금오도에서는 민간인들의 출입을 금했지만 관청에서 파견된 포수들에게는 사냥을 허용하였다.

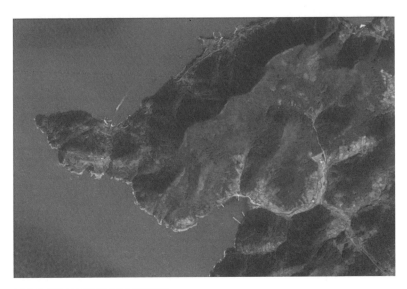

사진 21 여수시 남면 두모리의 위성사진

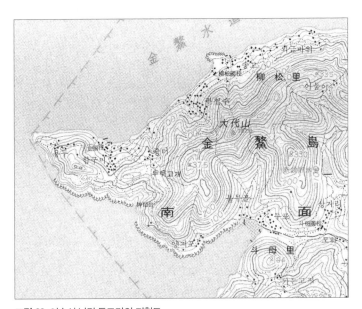

그림 22 여수시 남면 두모리의 지형도

두포는 옥녀봉에 내려오는 전설에 의해 두포라 명명했다고 전해 내려온다. 옥녀봉의 옥녀가 이곳 상거리뽕나무 키우는 곳에서 뽕을 따다 누에를 치고 누에고치를 말斗로 쟀으며, 인접 마을인 모하가 곡창지대라 하여 곡식과 누에를 척도하는 말斗이 있어야 한다고 두포斗浦라 하였다. '모'에 대한 설명은 없는 것으로 보아 이 내용은 지명전설에서 유래된 것이라 생각된다. 모하는 원래 목화가 잘 되었던 곳으로 목화동이라 하였는데, 어머니가 하는 일이 주로 길쌈이어서 누에고치와 목화를 상징하는 어미 모母자와 옷이 귀한 자식에게 의복을 입혀줌이 경사스러워 하례 하賀자를 써 모하母賀라 명명한 것으로 전해 내려오고 있다.

항만입지에 적당하게 만입된 해안부부터 금오도 내륙부인 모하마을에 이르는 골짜기 부분 전체가 두모마을이었을 것으로 추정된다. 두모마을은 두모리라는 행정명칭으로 바뀌었고, 그로부터 '두무고개'와 '두모초등학교'라는 명칭이 확산되었다. 두무고개는 두모리에서 유송리의 중터와 함구미 마을로 넘어가는 대부산 줄기의 고개이다.

전남 순천시 승주읍 두월리 두모마을과 두모재

순천시 승주읍 두월리의 두모마을은 유치산에서 두 갈래로 뻗어 내린 산줄기가 감싸고, 두월천이 그 계곡 사이를 지나 상사호로 흘러드는 골짜기에 입지해 있다. 이 마을 서쪽에는 유치산에서 오성산으로 이어진 산줄기를 넘는 두모재가 있는데, 과거에는 승주에서 화순 방향으로, 구체적으로는 행정리 운곡마을로부터 두월리 두모마을로 넘어가는 교통로였을 것이다. 조선시대의 두모재 길은 우마차가 다녔다고 하나 지금은 좁은 등산로에 불과하다. 타 지역의 두모재 또는 두모현 지명에 견주어 볼 때, 두월리의 두모재는 두모마을에서 파생된 지명일 것으로 추정된다.

두모마을의 서쪽을 흐르는 두월천은 두월리에서 파생된 지명인데, '두월'은 '달내月川'가 '월천'으로 바뀌면서 이곳 지명인 두모를 붙여 '두모월천'이라 부르다가 '두월천'으로 변화한 것이라 전해진다. 다시 말해서 월천은 이두식 음독에서 나온 지명인 것이다. 원래는 두월리 골짜기 전체가 두모였을 것으로 짐작된다.

두모마을 앞을 흐르는 두월천 근처 논 옆의 마을 어귀에는 높이 270cm, 지름 340cm의 타원형으로 쌓은 돌무지 위에 높이 90cm, 폭 50cm, 두께 30cm의 기둥 모양 입석이 세워져 있다. 이와 같은 적석

사진 22 승주읍 두월리 두모마을 입구에 세워진 입석

사진 23 승주읍 두월리 두모마을의 위성사진

그림 23 승주읍 두월리 두모마을의 지형도

積石 형태의 입석은 전라도와 경상도 내륙지역에 많이 분포하는 것으로, 몽골에서 기원한 북방문화의 한 요소로 알려져 있다. 특히 우리나라에서 탑과 풍수의 관련성은 민간신앙과 풍수, 즉 풍수와 종교라는 접합적 형태가 국지적 차원에서 보여주는 특징적 측면을 담고 있다.

돌탑은 풍수와 관련된 경관요소 중 하나이며, 마을 구성원들에 의해 동제洞祭의 신앙대상이 되는 동시에 풍수와 관련된 이야기를 담고 있는 복합적 의미의 경관이라고 할 수 있다. 주민들에 따르면 두모마을이 형성될 때 마을 입구가 허전하다 하여 쌓은 것이라 하는데, 주민들은 주제가 담긴 명칭 없이 '돌탑'이라고 불렀다. 동쪽 하단 부분만 약간 허물어져 있을 뿐 보존 상태는 좋은 편이다. 이 돌탑은 비보풍수裨補風水에 근거하여 마을주민들이 세운 것으로 추정되지만, 축조연대는 미상이다. 비보는 지리비보와 동의어로서 자연의 지리적 여건에 인위적·인문적 사상事象을 가미하여 보완하고, 주거환경을 개선하여 이상향을 지표공간에 구성함을 목적으로 하는 것이다. 비보의 역사적 형태로는 불교적 비보와 풍수적 비보가 대표적이며, 풍수와 결합하여 비보풍수론으로 발전하였다(최원석, 2000). 우리나라 취락 중에는 비보풍수에 의거하여 두모마을처럼 돌무지를 쌓아 마을의 허전함을 보완한 곳이 많은 편이다. 이와 같이 마을 단위에서 성행하는 비보풍수는 고려시대 풍수의 특징 중 하나이다.

전남 신안군 자은면 두모산과 두모동

전남 신안군 자은면 구영리에 위치한 두모산과 고장리의 두모동은 작은 섬에 위치해 있다. 구영마을 북동쪽에서 1km 정도 떨어진 곳에 위치한 '두모산' 정상부에는 돈대墩臺 규모의 석성이 위치한다. 구영마을 동쪽에 위치하는 '두봉산'의 산줄기가 북서쪽으로 뻗어져 해발 225m의 '두모산'을 형성하며, 남서쪽 구영리와 동북쪽 대율리의 경계가 되고 있다. 산성은 할석을 이용해 정상부를 따라 성벽을 쌓았으나, 북쪽은 암반을 자연지형 그대로 이용하였던 것으로 보인다. 성벽은 부분적으로 남아 있으며, 등산로와 정상부에 정자를 신축하는 과정에서 파괴되어 성벽의 석재가 주변에 산재해 있다. 또한 정상부 가운데에 봉수터가 있었다고 구전되지만 현재 흔적만이 남아 있어 그 원형은 찾기 힘들다. 산성 주변에서 조선시대의 기와와 자기편들이 수습된 것을 미루어 보아 조선시대 산성으로 추정된다.

고분 유적은 구영마을에서 금포마을로 가는 805번 지방도로 서쪽편에 위치하고 있다. 이곳은 해발 100m 정도의 야산이 병풍처럼 둘러싸인 곳으로 수풀과 잡목이 우거져 있으며, 일부는 논과 밭으로 이용되고 있다. 유적 발굴 조사를 통해 발견된 옹관고분은 도로의 준설과정에서 드러난 단면상에 박혀 있었다(이현종, 2003).

고인돌은 고장마을 입구의 구릉사면에 4기가 위치하고 있다. 이곳은 송곳산에서 남쪽으로 뻗은 산자락의 말단부로 '고장들'로 불리는 넓은 간척지가 내려다보인다. 지석묘는 총 5기가 있었으나 마을길을 내면서 1기가 훼손되었다. 4기는 산줄기 방향과 일치하게 군집을 이루고 있는데, 상석의 상면에는 여러 곳에 걸쳐 성혈 흔적이 관찰되며, 상석 아래에는 지석 3개가 노출되어 있다(木浦大學校博物館, 1987).

구영장대석정舊營長大石井은 구영마을의 북동쪽에 자리한 구영제 아래에 위치하고 있다. 구영리는 조선시대에 수군기지가 있었던 곳으로 알려진 장소이다. 이와 관련된 시설물 중 하나인 우물은 수군영水軍營에서 사용한 것으로 전해져 내려온다. 우물의 평면 형태는 장방형이며, 규모는 길이 220cm, 너비 190cm 정도이다. 축조 방법은 상·하면이 잘 다듬어진 판석을 사용하여 만든 것으로 판단되나, 현재 우물 안쪽에는 물이 가득 차 있어 정확한 형태는 파악할 수 없다. 또한 우물의 각 모서리에는 높이 50cm 정도의 기둥 1매씩이 세워져 있다.

　구영리 서응렬 기념비·이화옥 기념비는 자은초등학교 운동장가에 서 있다. 이는 학교 발전에 기여한 공을 기념하기 위한 비이다. '서응렬 기념비'는 전면에 '敎學評議員徐公應烈敎育紀念碑'라고 새겨져 있으며, 1942년에 건립되었다. 1936년에 세워진 '이화옥 기념비'는 전면

사진 24 자은면 두모산과 두모동의 위성사진

그림 24 자은면 두모산과 두모동의 지형도
상: 1985년, 하: 2009년

에 '公立普通學校長 李公華玉紀念碑'라고 새겨져 있으며, 높이 144cm에 너비와 두께가 26cm인 정사각형의 비이다.

두모산 북쪽 아래에 위치한 두모동은 두모산을 주봉으로 서로는 돌뫼재, 동으로는 숯굴재가 감싼 지형이며, 두모산에서 원류하는 소하천이 산들해수욕장으로 흘러내리고 논농사를 위한 두모저수지가 마을 동쪽에 있다. 두모마을은 전술한 바와 같이 고분 유적과 고인돌의 존재를 통해 석기시대부터 형성된 마을로 짐작된다.

경남 함양군 마천면 군자리 도마마을

함양군 마천면 군자리 도마마을은 경남 함양군과 전북 남원시의 경계가 지나가는 근처에 위치해 있다. 마천면은 남으로는 지리산 천왕봉, 서로는 삼정산, 동으로는 창암산으로 둘러싸여 있고, 덕전천과 강천천 등이 만수천으로 흘러든다. 그중 도마都馬는 군자천이 흐르는 골짜기 어귀에 입지한 마을이다. 삼정산에서 원류한 군자천은 도마마을을 지나 만수천으로 흘러든다.

도마의 지명유래는 확실하지 않지만 마을 주민(박숙이, 71세)에 의하면 복숭아나무가 만발하여 복숭아를 뜻하는 '도桃'자와 만발하다는 '만萬'자를 땄다는 일화가 전해 내려온다. 앞서 설명한 바 있듯이 '도만>도마'의 관계를 생각할 때 의미 있는 지명유래로 받아들일 수 있을 것 같다. 또 다른 일화에 따르면, 임진왜란을 전후하여 외부의 유민들이 이 마을로 들어오기 전까지 도마는 마천의 중심지였다. 이 마을의 지명은 전술한 바와 달리 한자로 '桃馬'가 아니라 '都馬'였으며, '도마'는

사진 25 군자리 도마마을의 다랭이논

마을의 규모가 커져 마천에서 으뜸가는 마을이라 마천馬川 앞에 '도都' 자를 붙인 것이라는 일화에서 비롯되었다. 『세종실록지리지』와 대동 여지도에는 '마천'으로 주기되어 있으나, 그 이전의 지명은 '도마천都 馬川'이었다는 것이다. 본래 함양군 지역으로 고려 때 마천소馬川所가 있었으며, 대왕재大王峙에서 내려다보면 말이 냇물을 보고 달려가는 형상을 하고 있어 마천면이라 하였다는 일화도 있다.

　마천이라는 지명이 문헌상으로 처음 등장한 것은 『삼국사기』 백제 본기에서였다. 이 기록에 의하면, 백제 무왕 때633년 2월와 의자왕 때 656년 7월에 각각 마천성을 중수하였다고 한다. 그러므로 백제가 신라 와의 모산성 전투에서 승리를 거둔 후 지리산 일대가 백제의 수중에 있을 때 추성, 즉 마천성을 중수했을 것이라는 추정이 가능하다. 마천

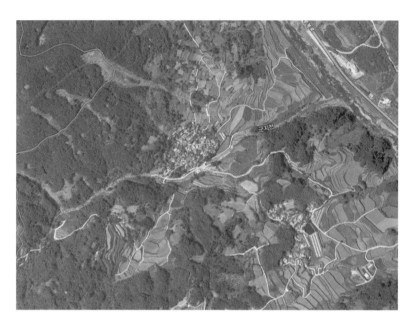

사진 26 함양군 마천면 군자리 도마마을의 위성사진

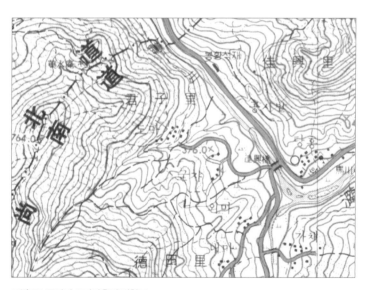

그림 25 군자리 도마마을의 지형도

　　　　　　　　　　　　　　　　　　　제II편 국토에 각인된 두모사상

면에는 도마 이외에도 외마·내마와 같이 말 마자가 들어간 지명이 있는 것으로 보아 기병騎兵과의 관련성도 있어 보인다.

마을 입구의 비석에는 삼정산 정승계곡을 따라 고요히 흘러내리는 군자천변에 자리한 도화桃花골에 정승이 수행한 곳이 있어 정승골이라 불렸다는 내용이 적혀 있다. 그 정승을 군자로 생각하여 군자천이라 명명한 것 같은데, 이는 구전되어 전해 내려오는 이야기인지라 신빙성이 없어 보인다. 마천변 주변에는 실상사를 비롯하여 벽송사·삼불사·영원사·약수암·문수암·상무주암 등의 사찰이 많다.

약 50가구가 살고 있는 도마마을은 지리산 바로 밑에 위치해 있지만 토지가 비옥하고 공기가 맑아 농사가 잘 되는 곳이다. 이 마을은 원래 청주 한씨의 정착촌으로 시작하여 집성촌을 형성하기도 하였으나, 현재는 주민들이 도시로 떠나 집성촌이 붕괴되었다. 농사는 벼농사와 고추농사를 비롯하여 씨 없는 감과 곶감이 유명하며, 이 일대에서 자생하는 고사리는 맛이 좋기로 소문이 나 있다.

경남 거제시 두모동

경남 거제도에 위치한 거제시 두모동은 영조 45년1769 행정구역 방리坊里 개편 때 연초면延草面 장승거리방長承巨里坊에 속하였다. 길가에 장승이 서 있으면 흔히 붙여지던 지명이다. 고종 26년1889에 고현면古縣面에서 독립된 이운면에 속하면서 두모리杜母里와 느태리로 분할되었다가 1915년 6월 두모리가 되었다. 1914년 용남군龍南郡과 거제군이 통영군으로 통합함에 따라 통영군 이운면 관할이 되었다가, 1935년

10월 이운면이 장승포읍으로 승격하면서 장승포읍 두모리가 되었다. 1953년 1월에는 거제군이 통영군에서 분리되면서 거제군 장승포읍 두모리가 되었으며, 1989년 장승포읍이 시로 승격함에 따라 장승포시 두모동이 되었다. 그리고 1995년 장승포시와 거제군을 통합하여 거제시가 되면서 거제시 두모동이 되었다. 두모동은 법정동으로 행정동인 능포동菱浦洞과 장승포동長承浦洞 관할하에 있다.

지명은 옥포만 남쪽 바닷가에 위치하여 장승거리현 장승포동에서 내려가면 막다른 곳이 나타난다고 하여 막을 '두杜'와 없을 '무毋'를 써서 '두무'라 불리게 되었으나, 무毋가 유사한 한자인 모母로 변하여 '두모'로 바뀐 것으로 마을 주민들에게 그 유래가 전해 내려온다. 물론 이러한 지명유래는 지명 해석에 꿰어 맞춘 전설에 불과하다. 그 후로 이곳

사진 27 거제시 두모동 해안 전경

사진 28 거제시 두모동의 위성사진

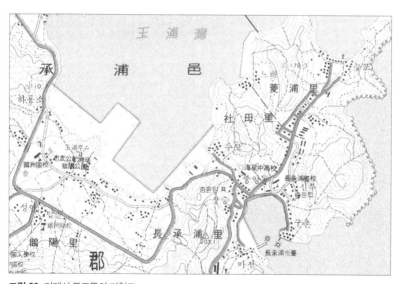

그림 26 거제시 두모동의 지형도

현존하는 두모계 지명

163

은 두모실 또는 두모개로 불렸다. 두무가 두모로 바뀐 것은 한자의 변화에 의한 것이라기보다 음운상의 변화인 mu=mɔ=mo의 차이로 간주할 수 있다.

두모에 최초로 사람이 거주하기 시작한 시기는 불명확하지만, 조선시대 이미 항씨와 최씨의 두 가문을 위시하여 성씨가 없던 평민들이 거주한 것으로 전해 내려오고 있다(이선호, 80세, 반선도, 77세). 그 당시에는 반농반어半農半漁인 소규모의 취락이었다가 현재는 옥포만에 대우조선소가 건설되어 크게 변화하였다. 그러나 도시화가 시작되기 전에는 팔랑포로부터 하룡소를 거쳐 느태로 이어지는 만입이 강망산·국사봉·망산 줄기로 둘러쳐 양항良港을 이룰 만한 조건을 제공하였다. 오늘날에는 항만시설을 조성하기 위한 도크의 축조로 만입된 곳의 형태가 소멸되었으나, 항만시설이 건설되기 전에는 두모마을 앞까지 해안선이 만입되어 있었다.

제주특별자치도 제주시 한경면 두모리

제주도의 지명유래에 관해서는 이미 서두에서 설명한 바와 같이 도무道武, 혹은 동음東音＞탐탐耽＞탐모耽牟＞두무頭無＞두모頭毛의 관계에서 유추될 수 있다. 한경면 금동리와 신창리 사이에 위치한 두모리는 약 450년 전에 형성된 마을로 추정되고 있다. 16세기 말 제주 고씨가 이 마을 '선못가름솔못가름 또는 혈못가름'에 이주하여 살기 시작하였고, 그 후에 청주 좌씨가 '알가름'에 들어와 살기 시작하면서 마을이 형성된 것으로 전해지고 있다.

제II편 국토에 각인된 두모사상

두모의 고지명은 '두믜'와 '두미' 또는 '두못개'와 '두믯개'에서 유래된 것으로 알려져 있다. 이것은 『남사록南槎錄』에서 밝힌 것처럼 '두못개' 또는 '두믯개'의 한자표기에서 음차한 두모포頭毛浦에 근거한 것이다. 『남사록』은 일종의 일기체 형태로 서술된 책으로, 김상헌1570~1652이 선조 34년1601에 안무어사로 제주에 파견되어 기록한 일종의 기행문이다.

'두못개'는 17세기 말에 부포釜浦로도 표기되었다. 17세기 말에 제작된 것으로 추정되는 탐라도耽羅圖에 부포釜浦로 표기되어 있고, 전술한 『남사록』에는 부포연대釜浦烟臺로 표기되어 있다. 부포는 '두믯개' 또는 '두못개'의 한자차용표기로, 지금의 한경면 두모리 포구를 가리킨다. 여기서 추론하자면, '두모' 또는 '두무'가 둥글다는 의미이고 가마솥 역시 동일한 형태인 까닭에 두모·두무와 '釜'를 혼용한 것으로 보

사진 29 제주도 한경면 두모리

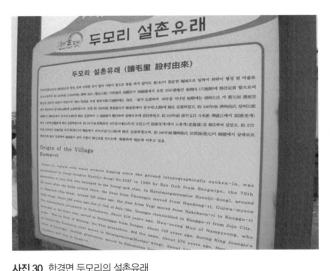

사진 30 한경면 두모리의 설촌유래

인다. 이것은 중세 때의 일로 여겨진다.

이와는 달리 제주도의 고지명이었던 탐라의 '탐'으로부터 두모리의 지명을 유추할 수도 있을 것이다. 이 지명은 조선 중기 때 명명된 지명이지만, '탐'이라는 지명은 고려시대 또는 삼국시대에 생성되었다고 생각된다. 15세기 중엽에 제주도를 탈출한 사람들을 '두모악'이라 부르기는 하였으나(한영국, 1981), 지명은 이미 제주로 변경된 후였다. 제주도의 옛 지명이 두모계 지명의 원형인 '탐'을 기억하고 있던 주민들에 의해 '두모'라 명명되었을 가능성도 배제할 수 없을 것이다.

두모와 두무의 차이는 흔히 발생하는 모음변화임을 앞에서 설명한 바 있다. 다만 시기적으로 볼 때 두모>두무의 차이가 있을 것으로 짐작될 뿐이다. 만약 '두무頭無'가 분화구 형태인 '머리가 없는 오름'이라는 뜻이라는 것을 고려하였다면 여러 기록에서 '두모頭毛'라 표기하였

사진 31 두모리의 두모연대

을 리 없다. 따라서 이는 단순한 한자차용표기에서 '탐'을 두모=두무로 연철화連綴化한 것으로 간주해야 할 것이다.

두모포구의 동쪽에 위치한 두모연대頭毛煙臺는 횃불과 연기를 이용하여 정치·군사적으로 급한 소식을 전하던 통신수단이다. 봉수대와는 기능면에서 차이가 없으나 연대는 주로 구릉이나 해변 지역에 설치되었다. 두모연대는 명월진에 소속되었으며, 연대의 윗부분은 1930년경 연대 위에 등대를 설치하면서 많이 파괴되었다. 동쪽으로 대포연대, 남쪽으로 우두연대가 서로 연락을 주고받았으며, 별장 6명과 봉군 12명이 배치되어 한 달 동안 5일씩 6교대로 24시간 동안 해안선을 지켰다고 한다.

저자는 한경면 두모리의 지형이 전형적인 배산임수·좌청룡 우백호의 지형이 아니므로 제주도의 섬 형태가 둥글다는 점과 제주도의 단

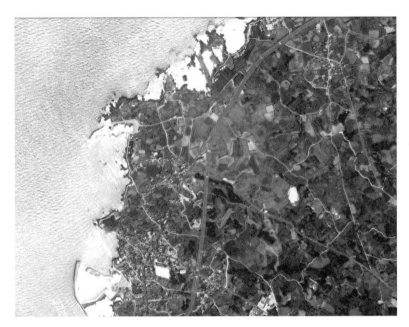

사진 32 한경면 두모리의 위성사진

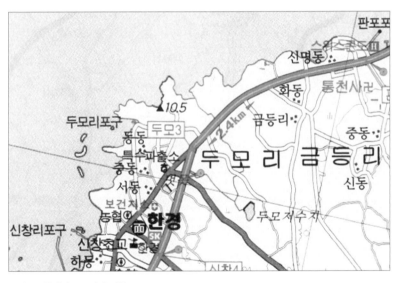

그림 27 한경면 두모리의 지형도

제II편 국토에 각인된 두모사상

면이 백록담을 정점으로 가마솥 뚜껑처럼 둥글다는 점에서 유래된 지명이 오늘날 축소되어 이 마을에만 남게 된 화석지명일 것이라고 간주하고 싶다. 또한 제주도와 마주 보는 전남 강진의 백제시대 고지명이 두모계 지명임을 염두에 두고 지명의 전파와 관련지어 해석할 수 있을 것이라는 개연성도 열어 두고 싶다.

도마

경기도 파주시 광탄면 창만리 도마산

파주시 광탄면 창만리에 위치한 도마산都馬山은 금병산에서 남쪽으로 뻗어 내린 산줄기에 돌출한 나지막한 산이다. 도마산 밑에 펼쳐진 평야지대에는 찬내벌, 사창동, 원터, 제평동 등의 마을이 분포하고 있다. 이들은 모두 자연부락인데, 사창동은 조선시대 때 사창司倉이 있었다 하여 붙여진 지명이다. 마을 앞으로는 비암천이 흘러 문산천에 합류하여 임진강으로 흘러든다.

도마산의 주봉인 금병산錦屛山의 지명은 주변 경관이 매우 아름답고 병풍을 둘러친 모양이라 하여 붙여진 이름이다. 조선시대 영조가 생모 최숙빈의 묘지를 찾아 소령원에 왔다가 말구리재에 올라 신하에게 "앞에 보이는 저 산의 이름이 무엇이냐?"라고 물었다. 그러자 옆에 있던 신하가 "낙엽이 떨어져 나간 형상을 하고 있다고 하여 풍락산으로 불린다고 합니다."라고 답을 하였다. 그러자 영조는 "금으로 병풍을 친 것 같으니 앞으로는 금병산으로 불러라"라는 명을 내렸다는 일화가 전해진다. 금병산 남쪽 마을에 도마산동都馬山洞이라는 지명이 있는데, 마을 주민들은 금병산을 도마산으로 부르기도 한다. 이런 경우 원래 지명은 풍락산도 아니고 금병산도 아닌 도마산이었을 것이다. '도마'라는 지명은 도원수都元帥가 천병만마千兵萬馬를 거느린 형국이라 하여 도都와 마馬자를 가져와 붙인 이름에서 유래한 것으로 전해지고 있어 전설지명이었음을 알 수 있다. 도마산 이름을 가진 도마산

사진 33 창만리 도마산에서 바라본 마을

초등학교를 이 마을에서 찾아볼 수 있다.

비암천 남쪽의 두만은 도마산 밑에 있는 마을이라 하여 붙은 이름이다. '두만'이라는 지명으로 바뀐 것은 도>두의 변화와 행정구역을 의미하는 두마리>두만니의 변화가 섞여 개칭되었을 것으로 짐작된다. 원래 '도마'였는지, '두마'였는지 불확실하나, 주변에 도마산초등학교와 도마산교가 있는 것으로 보아 원래 지명은 '도마'라는 쪽에 무게를 두고 싶다. 과거에는 '도마'라 불린 적이 있었으나, 현재는 마을 명칭으로서의 지명은 사라지고 도마산이라는 지명만 남아 있는 것이다. 현재의 도마산초등학교 일대가 도마마을이었을 것으로 추정된다. 마을 한가운데에 수령이 오래된 보호수가 마을의 역사를 대변하고 있을 뿐이다.

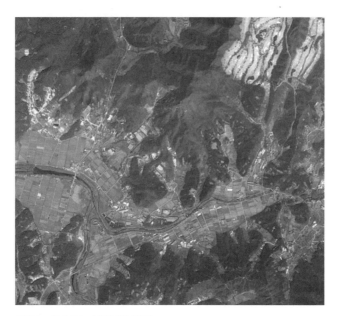

사진 34 창만리 도마산의 위성사진

그림 28 창만리 도마산의 지형도

비암천 남쪽의 높은골은 사창 동쪽 높은 골짜기에 있는 마을이라 하여 붙여진 지름이다. 오목말은 지형이 오목하여 붙은 이름이며, 두만의 위쪽에 있는 마을이라 하여 윗두만이라고도 부른다. 창만리는 사창과 두만의 이름을 따서 창만이라는 명칭이 생겼다.

강원도 강릉시 왕산면 도마리

강원도 강릉시 남서부의 왕산면은 현 구정면의 4개 리를 관할하고 있었으나, 1911년에 상구정면으로 개편되면서 8개 리를 포함하게 되었다. 1917년에 왕산면으로 개칭된 이유는 고려 우왕이 이곳에 유배되어 있어 '제왕산'이라는 지명이 생겼고, 그 후에 '왕산'이라 변경되기 때문이었다. 왕산면 도마리都麻里는 도마1리와 도마2리로 나뉘어져 있는데, 원래 이 일대에 복숭아와 매화가 많다고 하여 '도매挑梅'라 하였으나, 고려 말 우왕이 이곳에서 은거할 때 숲林이 삼麻처럼 우거진 곳에 도읍하였다고 하여 도마都麻가 되었다는 설이 있다. 이들 모두 지명 해석을 위해 구전된 전설이다. 구정면 왕산면의 왕산은 과거 도마都麻 또는 동막東幕이라 불렸다. 이것은 동>돔>도무의 변형으로 간주되며, '막'은 막>마의 변형으로 볼 수 있다.

이와는 달리 마을의 형국을 풍수적으로 보았을 때 부엌에서 사용하는 도마와 같아 '도마'로 불리기 시작했다는 설도 있다. 이들은 모두 타 지역의 두모계 지명에 관한 전설처럼 불확실한 유래설이다. 그럼에도 불구하고 왕산면의 도마는 이미 오래전부터 이어져 내려온 지명임에는 틀림없다.

사진 35 왕산면 도마마을의 돌탑

여지도輿地圖에는 도마마을의 규모가 작은 탓에 구정면으로 표기되어 있고 산으로 둘러싸인 마을 앞을 흐르는 하천의 지명이 도마였음을 확인할 수 있을 뿐이다. 즉 이 하천의 지명이 오래전부터 '도마천'이라 불렸다는 사실을 알 수 있다. 일제강점기에 개설된 35번 국도가 개통되기 전에는 강릉과의 접근성이 떨어져 오지이긴 했으나, 사람 살기에 좋은 자연환경에 농사가 잘 되는 옥토라 하여 이곳으로 이주해 오는 주민이 많았었다.

도마리에는 3개의 서낭당이 분포하는데, 그 가운데 돌탑마을의 돌탑제는 서낭제와 관련된 토속신앙과 풍수에서 비롯된 것이다. 제의祭儀는 음력 정월과 8월 초 정일에 지내며, 성황제가 끝나면 마을주민들은 촛불을 밝히고 돌탑을 돌며 돌탑제를 지낸다. 마을 주민들은 도마리의 지기가 빠져나가지 않고 외부의 사악한 기운이 들어오지 못하게 하기 위해 돌탑을 쌓은 것으로 믿고 있다. 이는 비보풍수裨補風水의 일종일 것이다. 비보풍수에 관해서는 앞서 설명한 바 있다.

마을을 둘러싼 수려한 산과 마을 앞을 흐르는 맑은 하천으로 이루어진 도마리는 예로부터 성현들이 학문을 연마하기에 안성맞춤이었

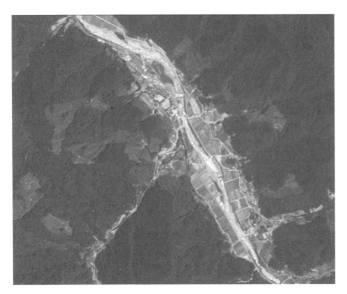

사진 36 왕산면 도마리의 위성사진

그림 29 왕산면 도마리의 지형도

다. 강릉 출신의 이율곡은 이곳에서 학문을 정진하기도 하였다. 왕산면 도마2리의 마을 어귀에 자리한 금선정琴仙亭은 과거 시인 묵객들이 찾아와 노닐었던 정자이다.

경남 남해군 고현면 도마리

남해군의 북서부에 위치한 고현면 도마리都馬里의 소재지는 대사리이다. 이곳은 신라 신문왕 때 전야산군의 소재지였으며 군내면이라 불렸다. 고려 공민왕 때는 진주군의 대야천면에 속한 일도 있었으나, 조선 태종 때 군郡의 설치와 함께 이속되었다. 전야산군의 옛 현소재지였으므로 고현면古縣面이라 명명되었다.

대곡리의 양지에서 발원한 대곡천이 동쪽으로 흐르며, 사학산에서 발원한 달실천과 북쪽의 남치리 덕신재에서 발원한 대사천이 남서쪽으로 흐른다. 서쪽은 바다와 접하고 있으며 많은 섬이 있고, 두모리 마을은 동쪽을 향해 있다. 고현면은 9개 리로 구성되어 있는데, 그중 도마리는 마을의 규모가 커지면서 19번 국도를 경계로 서도마·중도마·동도마로 분리되었다. 이와 같이 마을의 규모가 커지면서 두모계 지명이 세분되거나 확산된 사례는 전국 각지에서 흔히 찾아볼 수 있다. 또한 '도마'라는 명칭은 '도마교', '도마교회' 등과 같이 확산되기도 하였다. 고현면 도마리는 북쪽에 대국산과 녹두산, 남서쪽에 삼봉산과 사학산이 각각 솟아 마을을 감싸고 있는데, 이들 산악부의 중앙부가 모두 두모계 지명의 마을이었을 것으로 추정된다.

농경지는 전체 면적의 36%로, 농가 호당 경지면적은 0.57ha에 불과

사진 37 대국산이 바라보이는 고현면 도마리

하다. 마늘이 특산물로 재배되고 있으나, 농사 못지않게 수산업 분야
도 주요 소득원이 되고 있다. 특히, 갈화리에서는 보리새우가 특산물
로 대량 양식되고 있다.

문화유적으로는 대곡리에 지석묘군이 있고, 도마리의 삼봉산 줄기
와 이어지는 높이 50m 정도의 언덕에 초기 철기시대의 조개더미가
있다. 이는 이 지역이 오래전부터 주거지였음을 암시하는 것이다. 차
면리에 있는 관음포 이충무공 전몰유허에는 이충무공 유허비와 이충
무공 묘비 등이 건립되어 있다. 그리고 천연기념물로는 남해산 닥나
무 자생지와 남해 고현면의 느티나무가 있다.

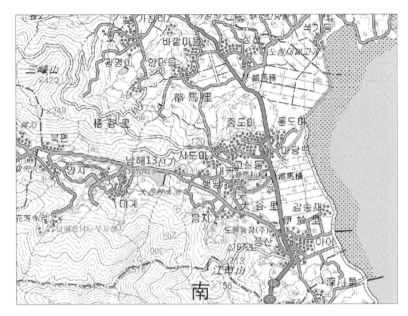

그림 30 고현면 도마리의 지형도
상: 1993년, 하: 2010년

경기도 김포시 대곳면 상마리 도마산과 도마산마을

김포시 대곳면의 도마산刀馬山은 동쪽의 수암산과 동쪽의 승마산으로 둘러싸여 있고 그 가운데에 가미지천의 지류가 흐르고 있다. 도마산은 산을 뜻하는 지명이 아니라 마을의 지명이다. 1789년정조 13 규장각에서 간행된『호구총수戶口總數』와 1899년의『통진읍지通津邑誌』에 따르면 이곳의 지명은 '도마산리刀馬山里'라 불렸으며, 1911년 조선총독부가 발간한『조선지지자료朝鮮地誌資料』에는 한자표기가 '陶馬山'이라 기록되어 있다. 일제강점기인 1914년 일제가 행정구역을 통폐합할 때 상적암의 '상'과 도마산의 '마'를 합쳐 상마리가 되었다. 상마리에는 도마산을 비롯하여 신기, 삼선, 호동의 3개 마을이 있다.

김포 일대는 삼국시대부터 오늘날에 이르기까지 행정구역상의 명칭이 여러 차례 변경되어 왔다. 삼국시대의 경우 김포는 고구려의 '주토부군'에 속하였으며, 수이홀, 검포현, 동자홀현, 호유압현 등이 이에 속하였다. 상마리를 포함하는 대곳면에 해당되는 곳은 고구려 주토부군의 수이홀에 속하였는데, 통일신라시대에는 수성현으로 바뀌었으며, 이는 고려시대 통진현, 조선시대 통진군으로 이어졌다.

조선시대의 통진군에는 부내면, 보구곳면, 월여곳면, 소이포면, 질전면, 봉성면, 양릉면, 상곳면, 대파면, 고리곳면, 반이촌면의 11개 면이 포함되어 있었다. 그러던 것이 1914년 전국적인 행정구역개편과 함께 통진군에서도 행정구역의 통폐합 작업이 이루어지면서 대파면과 고리곳면, 반이촌면의 일부가 대곳면으로 통합되었다. 대곳면의 명칭은 대파면와 '대'와 고리곳면의 '곳'을 따서 이루어졌다.

사진 38 도마산마을의 모습

　대파면大坡面은 숙종 21년에 확정된 명칭으로『조선지지자료』에서는 '함배'라고 기록하기도 하였다. 함배는 '한붉'이 변한 것으로 이 마을이 예로부터 천신제天神祭를 크게 지냈다는 의미를 지니는 것이다. 고리곳면古里串面은 현재의 송마리를 중심으로 한 지역으로, 고리는 '높다'는 의미이고 곳은 '마을'을 의미하는 것으로써, 결국 '고리곳'은 '높은 고을'이라는 의미를 지녔다고 볼 수 있다.

　상마리上馬里는 정조 13년에 간행된『호구총수』를 보면 대파면 소속의 도마산리刀馬山里와 상적암리上赤岩里로 분리되어 있던 것이 통합되어 이루어진 명칭이다. 이 지명은 전술한 바와 같이 1914년 일제가 행정구역을 개편하면서 상적암리의 '상'과 도마산리의 '마'를 합하여 상마리로 명명되었으며, 이것이 대곳면에 편입하면서 오늘날에 이른 것이다.

도마산의 지명은 마을의 뒷산수안산에 수안산성이 있었는데, 도陶장군이 말을 타고 달리다가 애마愛馬가 죽자 그 말을 뒷산에 묻었다 하여 '도마뫼'라 부르기 시작한 것에서 유래되었다고 전해 내려온다. 이 전설이 사실이라면 애초부터 이곳의 지명을 '刀馬山'이 아닌 '陶馬山'으로 표기해야 하므로 이는 신빙성이 없는 지명전설로 간주된다.

정조 13년에 간행된 규장각『호구총수』에서는 칼 도刀를 쓴 도마산이라 표기되어 있고, 광무 3년에 간행된『통진읍지』까지도 이와 동일하게 기록되어 있으므로 '칼장군이 말을 탄'이라는 의미가 된다. 그러나 1911년 조선총독부 발행의『조선지지자료』이후부터는 겹친 언덕 도陶가 사용되었고, 그 이후의 지명 의미는 앞서 설명한 것과 같다. 보통 말 무덤이라고 하는 것은 큰 규모의 무덤으로 고분古墳인 경우가 대부분이고 높은 신분인 사람의 묘를 가리킨다. 따라서 오랜 풍상 속에서도 형체가 소멸되지 않고 큰 규모 상태로 남아 있음을 뜻한다. 즉, 말은 馬의 의미가 아니다.

그런데 몇 해 전, 도로공사 때 이 마을의 말 무덤을 파헤쳤는데 그 속에서 청동 말방울 세 개가 출토되었다. 고분에서 종종 방울이 출토되는 사례가 있는데, 그것은 선사시대부터 왕권을 상징하거나 하늘에 제사를 지내는 의식에서 쓰이던 의구儀具였다. 그리고 삼한시대 이래로는 제천의식의 일종으로서 소도蘇塗의 장대에 방울을 달고 신에게 자신들의 뜻을 전달하는 것으로 사용되기도 하였다. 이러한 유물이 출토되었다는 것은 이 마을의 역사가 유구함을 대변하는 것이다. 소도가 있었고 제사장, 즉 부족장이 살았었다는 증거가 되기 때문이다. 상마리의 호동에 '소당미'라고 하는 소도와 관계되는 제단의 뜻을 가진 지명이 남아 있는 것도 마찬가지로 역사의 유구함을 증명하는 것이다.

이와 달리 도마산 마을의 유래에 대해 다르게 보는 입장도 있다. 세종 6년에 국산 약초의 적절한 채취 시기를 월령으로 만든 『향약채취월령鄕約採取月令』은 '도마사都馬蛇'를 '산룡자山龍子'라고 표기했는데, 도마사는 도마뱀이라는 의미이며, '도마都馬'는 '산, 또는 사방이 산으로 둘러싸인 두모식 지형'의 뜻을 가진 우리말이다. '두메산골'의 '두메'도 같은 뜻인데, 이들은 '둠'계의 변형으로 도마, 도마치, 돔밧재, 두마, 두모, 두무, 두무치, 둠골, 둠말, 둠메, 둠보리 등 역시 모두 같은 의미라 볼 수 있다. 두메는 도회지에서 멀리 떨어진 깊은 산골을 뜻하며, 그 어원은 듬/둠村 또는 圓과 뫼山에서 찾을 수 있다(김민수 편, 1997, p.274). 어근이 되는 '듬/둠'은 고유지명에 많이 등장한다. 전국 각지에 분포하고 있는 '안뜸, 속뜸, 양지뜸, 음지뜸, 위뜸, 아래뜸' 등과 같은 지명은 일차적으로 '마을'의 뜻임에 분명하지만, 근본적인 의미는 '둥글다'에 있다. '둥글다'라는 말이 '둠ᄒ >둠그>둥그'와 같은 과정을 거쳐서 만들어졌다고 할 때, '둠'의 어근을 추출할 수 있다(양주동, 1965, p.108).

한자로 어떤 글자를 사용하든 글자 하나하나에는 아무런 의미가 없으며 우리말을 한자의 음을 빌어 표기한 것에 지나지 않는다. 그러므로 '도마산'의 '도'는 예전부터 질그릇, 혹은 상술한 설화에서 나오듯 도장군의 성씨를 의미하는 '陶', 그리고 칼을 의미하는 '刀'로 혼용하여 표기되어 왔는데, 도마刀馬가 칼장군, 도마陶馬가 도장군을 의미하는 것이 아니라는 사실은 두말할 필요도 없어 보인다. 즉, 우리의 고

제II편 국토에 각인된 두모사상

사진 39 유치권 분쟁 중 파괴된 도마산의 현재 모습

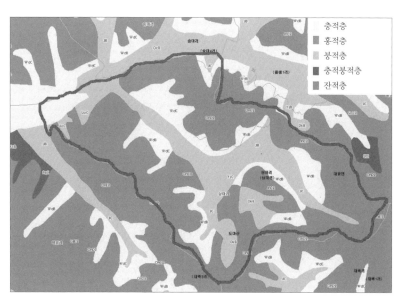

그림 31 상마리 도마산 일대의 토양층

사진 40 상마리 도마산의 위성사진

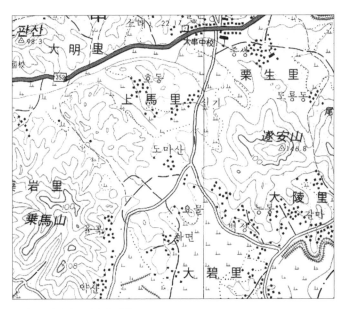

그림 32 상마리 도마산의 지형도

어에서 사방이 막히고 안이 움푹 패인 지형이나 그런 모양의 그릇 등의 의미로 '둠'계의 언어를 사용한 것으로, 도마뫼이든 도마산이든 한자로 어떻게 표기하든지 상관없이 사방이 막혔다는 의미를 가진 것이며, 고어가 지명에 남아 있는 유서 깊은 두모계 지명인 것이다. 실제로 낮은 구릉으로 둘러싸여 있는 마을의 형상을 통해 이러한 지명의 타당성을 이해할 수 있다.

도마산 마을은 전통적 농경사회에서 흔히 볼 수 있는 밀양 박씨의 집성촌으로 구성된 자연마을이다. 밀양 박씨 16대손 박광복이 120여 년 전에 정착하면서 현재 훈-제-용-원-상-준의 돌림자를 사용하는 7대가 모여 거주하고 있는 마을이다. 그들은 수안산이라는 명산을 주산으로 하고, 마을의 앞에는 청룡혈靑龍穴에 해당하는 하천이 흐르고 있으므로, 수안산이 도마산을 감싸고 바람을 막아 주는 장풍득수에 유리한 마을이라고 생각하여 입식하였다. 또한 주변이 큰 한산과 작은 한산으로 둘러쳐져 있어 어머니의 품과 같은 따뜻한 기운이 마을 전체를 감싸고 있으므로 풍수해를 입지 않은 마을이기도 하다.

그러나 일제강점기에 일본인들이 풍수지리적으로 정기가 매우 좋았던 수안산의 정기를 끊기 위해서 산의 중심에 말뚝을 박는 역할을 하는 의미로써 공동묘지를 조성하였다. 그로 인하여 도마산을 감싸는 수안산의 맑고 곧은 정기는 흐려지고 말았다(박용준, 79세). 이 마을에는 2008년부터 공장이 들어서기 시작하여 개발붐이 일고 있으며, 그로 인하여 도마산이 파괴되고 있다.

경기도 군포시 도마교동

　오늘날의 군포시 도마교동渡馬橋洞은 조선시대에는 광주군 북방면 도마교리였다. 이 마을은 1895년고종 32 안산군에 편입된 뒤, 1914년 일제강점기 행정구역을 개편할 때 송정과 샛골을 병합해 도마교리라 하여 수원군 반월면 관할이 되었다. 1949년 수원이 시로 승격하면서 화성군 반월면의 관할이 된 뒤, 1994년 12월 행정구역 조정으로 군포 시에 편입되었다.

　도마교동이라는 지명은 널빤지로 놓은 다리가 있어, 도마다리 또 는 도마교로 부른 데서 유래한 것으로 전해지고 있다. 그러나 널빤지 와 같은 널다리는 판교板橋라 불리는 것이 일반적이므로 이러한 설은 신빙성이 없어 보인다. 자연마을로 큰말·새골샛골·송정이 있고, 도봉 골·동골매골·보수간골·여덩미골·다랑구리골 등의 옛 지명이 남아 있다. 큰말은 도마교리에서 가장 큰 마을이며, 다랑구리는 좁고 작은 논배미인 다랑이가 많아 붙은 이름으로 추정된다. 그리고 샛골과 의 왕시 초평동 상초평골 사이에는 구봉산九峰山이 솟아 있다.

　군포는 한강에 인접해 있고 대야미동과 부곡동 일대에서 찍개와 뗀 석기 등이 출토되었으며, 구석기시대의 유적들이 대체로 큰 하천을 중심으로 분포되어 있음을 고려할 때, 구석기시대부터 사람이 살았을 것으로 추정된다. 신석기시대의 유적은 발견된 것이 없으며, 청동기 시대의 유적으로는 부곡동과 산본동에서 고인돌이 발굴되었다.

　삼국시대에 이 지역은 백제에 속했으며, 475년에 고구려의 장수왕 이 남진하여 율목군 또는 동사과冬斯肹를 설치하였다. 551년 신라와 백제 연합군의 공격으로 이 지역은 다시 백제가 차지했으나, 553년에는 신라 진흥왕이 신라 영토로 삼았다. 삼국통일 후인 경덕왕 때는 율목군을 개칭하여 한주漢州에 속하도록 하였다.

940년태조 23 곡양현은 금주衿州 또는 黔州로, 율진군은 과주果州로 개칭되었고, 990년성종 9부터는 부림富林 또는 부안富安으로 별칭되기도 하였다. 995년성종 14에는 10도제 실시에 따라 기내도畿內道에 예속되었고, 현종 때는 과주가 5도제 실시에 따라 양광도에 예속되었다가, 1018년현종 9 광주목廣州牧에 소속되어 감무를 두었다. 1284년충렬왕 10에는 이곳의 용산처龍山處를 부원현으로 승격하여 과주에서 분리했다가, 1390년공양왕 2 경기도가 좌·우도로 분리될 때 경기좌도에 예속시켰다.

이곳은 1402년태종 2 8도제 실시로 경기도에 예속되었으며, 1413년태종 13 지방제도를 개혁할 때 금주는 금천현으로, 과주는 과천현으로 개칭하여 현감을 두었다. 1414년 금천현과 과천현이 병합되어 금과현衿果縣으로 불리다가 곧 폐지되었다. 과천현은 세조 때의 진관체제 성립에 따라 광주진관廣州鎮管에 소속되었으며, 현감이 절제도위節制都尉를 겸임하였다. 1456년세조 2 다시 금천현이 과천현에 병합되었으나 얼마 뒤 복구되었고, 1795년정조 19에는 시흥현이 되었다. 그리고 1979년 5월 1일 시흥군 남면 일원을 읍으로 승격하면서 군포읍이 되었다. 그 후 1989년 1월 1일에는 시흥군이 의왕시·소래시·시흥시 등 3개의 시로 분할, 조정되면서 시로 승격되어 군포시가 되었다.

부곡동에서는 청동기시대의 유물·유적으로 무문토기편이 발굴되었으나 신개발 도시로서 인접한 화성군·안양시 등에 비해서는 유

사진 41 군포시 도마교동의 위성지도

물·유적이 많지 않다. 수리산에는 신라 진흥왕 때 창건된 것으로 알려진 사찰 수리사修理寺가 있다. 산본동에 이기조 묘경기도 기념물 제121호와 전주 이씨 안양군 묘경기도 기념물 제122호, 대야미동에 김만기 묘 및 신도비경기도 기념물 제131호, 정란종 묘, 신도비외묘역일원神道碑外墓域一圓, 경기도 기념물 제115호 등이 있다.

도마교동은 오늘날까지 전통적 상례喪禮가 맥을 잇고 있는 대표적 마을 중의 하나로 꼽히고 있다(이상균, 2010). 일반적으로 관혼상제 중 상례는 우리나라와 같은 전통사회에서도 특히 절차가 까다로운 의례로서 마을 전체의 사회적 활동을 가장 잘 보여 주는 것이다. 또한 일정

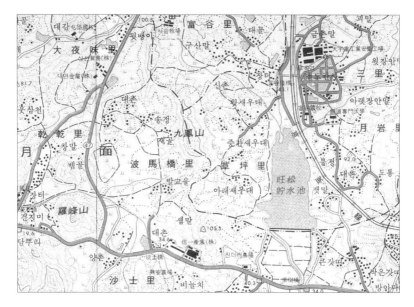

그림 33 군포시 도마교동의 지형도

상: 1985년, 하: 2009년

한 장정을 필요로 하는 의례이기 때문에 촌락공동체의 일면을 파악할 수 있는데, 도마교동에서는 그것과 관련된 사회조직이 잔존하고 있는 의미이다.

경기도 광주시 퇴촌면 도마리

경기도 광주시 퇴촌면은 조선왕조의 개국공신이며 영의정을 지낸 조영무1338~1414가 관직에서 물러나 이곳으로 은퇴하여 살기 시작한 것을 계기로 퇴촌退村이라 명명된 것으로 전해지고 있다. 퇴촌면의 지세는 남으로 초월읍의 무갑산, 동으로 앵자산·우산이 국사봉을 중심으로 양 날개를 편 듯이 산으로 둘러쳐 있는 분지이다. 또한 앵자산에서 발원한 경안천과 우산천은 이 지역을 관통하여 팔당호로 흘러 들어간다. 배산임수와 좌청룡 우백호의 형상을 이루고 있는 셈이다.

윗도마치·중간말·아래도마치·양달말·응달말 등의 10개 마을로 구성된 퇴촌면 중 도마리는 윗도마치上와 아랫도마치下로 나뉘어져 있다. 이 마을에는 각각 50가구와 20가구 정도가 거주하고 있으며, 서울과 가깝지만 상수원보호구역과 개발제한구역으로 지정되어 농촌경관이 유지되고 있다.

지명의 명명에는 땅의 지리적 특성과 그곳에서 벌어진 사건에 흥미 위주의 설화적 요소가 가미되어 정해지는 지명전설과 지명으로 정착된 후에 그 지명에 맞추어 꾸며진 지명전설이 있다. 이런 경우 지명으로 인하여 전설이 생겼는지, 아니면 전설에 의해 지명이 명명되었는지 그 선후관계를 밝히기가 매우 곤란하다. 지명전설은 공간과 시간을 역사적으로 결합한 언어의 전승물을 만들어 내고자 하는 인간의 심리에서 비롯된다(천소영, 2003).

지명전설보다는 조금 더 객관적인 것이 지명어원地名語源이다. 지명어원은 지명유래보다 언어적 측면이 더 강조된 것이며, 또 지명어가 가지는 본래의 의미에 초점이 맞추어지기 때문에 지명어원이 지명유래와 반드시 일치하지는 않는다. 왜냐하면 지명어는 그 유래의 한 부분을 언급하거나 그것과 전혀 관련이 없는 어사語辭를 지명으로 택할 수 있기 때문이다. 퇴촌면 도마리의 지명 역시 다른 두모계 지명처럼 유래가 다양하다.

이곳의 지명은 원래 한자로 '道馬里'가 아닌 '陶馬里'였다는 전설이 전해 내려온다. 이 마을에 사람을 괴롭히는 여우가 있었는데, 어느 도공陶工이 그 여우를 죽이자 여우의 혼이 다시 마을 사람을 괴롭혔다고 한다. 그리하여 그 여우의 혼을 누르기 위하여 흙陶을 빚어 말馬을 여러 마리 만들어 이 고개에 세우니 탈이 없었다는 전설이다. 이 전설은 상술한 지명전설에 해당하는 것으로 신빙성이 없어 보인다. 즉 지명이 정착한 후에 그 지명에 맞추어 꾸며낸 전설일 것이다.

또 다른 지명유래는 도마리에서 중부면 상번천리로 넘어가는 '도마치'라는 고개가 있는데, 마을 사람들이 이 고개를 넘어 서울로 오가는 사람들을 보면서 '陶馬'를 '道馬'로 바꾸었다는 추측에서도 찾을 수 있다. 이는 도공이 아니라 길에 중심을 둔 지명전설이다.

이와는 달리, 조선시대에 남부 지방으로부터 과거시험을 보러 가던 선비들이 말을 타고 이 마을을 지나간 길, 즉 '道馬'라 불렀다는 설도 있다. 그러나 해동지도와 지방군현도의 고지도에는 '道馬'가 아닌 '刀

馬'로 표기되어 있는 것으로 보아 훈차訓借의 문제가 아니라 음차音借에서 비롯된 것임을 알 수 있다. 따라서 퇴촌면의 도마리는 지명전설의 내용과 관련 없이 두모계 지명임을 알 수 있다.

도마리에는 조선시대부터 삭녕 최씨가 집성촌을 이루고 있는데, 그들이 이곳에 정착하게 된 계기는 세종 때 영의정을 지낸 최항1409~1474이 임금으로부터 토지를 하사받은 것으로 거슬러 올라갈 수 있다. 최항은 원래 경기도 김포 출신으로 과거에 급제한 후 세종의 한글 창제에 참여하는 공을 세워 도마리 일대의 사방 40리 토지를 하사받았다. 최항의 6대손까지는 벼슬을 하며 서울의 서소문 안에서 살았으나, 7대손부터 현재의 아랫도마리 일대로 낙향하여 집성촌을 이루며 살았다. 육조판서와 좌찬성左贊成을 두루 지낸 서거정1420~1488을 처남으로 둔 최항은 일찍 부친을 여의고 의지할 곳 없던 그를 자신의 집에 머물게 하며 출세시킨 바 있다(최명재, 2004). 그들은 대유학자이지만 풍수지리에도 능통하였던 바, 최항의 도마리 입향入鄉과 묘지선정은 이곳이 풍수지리적으로 길지吉地라 판단했던 것 같다.

이 마을에서 조선시대의 조선백자 도요지陶窯地가 발견된 곳만 해도 7개소가 된다. 주로 15~16세기에 걸쳐 상감청화백자象嵌青花白磁와 분청사기粉青沙器를 구웠던 가마터가 1966년에 국립박물관 발굴팀에게 발견되었고, 문화재청에 의하여 사적으로 지정된 곳이 네 곳이다. 이는 조선시대에 이웃인 광주시 남종면 분원리의 사옹원司饔院 분원에서 관리하던 관요官窯였다고 한다. 현재는 도마리 250, 251번지 일대에 있다.

도마리에는 최항의 묘뿐만 아니라 제실, 사묘, 신도비, 열녀문, 서

사진 42 퇴촌면 도마리의 위성사진

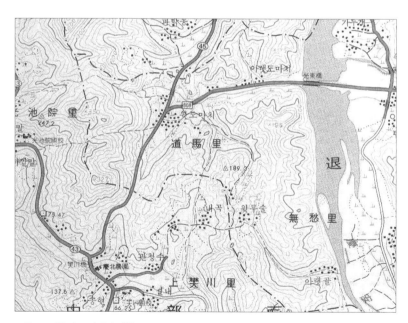

그림 34 퇴촌면 도마리의 지형도

당 등이 있으며, 중종 때 이조판서와 좌의정을 지낸 안당安塘의 묘가 있다. 그리고 천연기념물로 지정된 수령 550년의 느티나무가 도마리 221번지에 있다. 그뿐만 아니라 구석기시대의 유물이 출토된 것으로 보아 아주 먼 옛날부터 이 마을에 사람이 살기 시작하였다고 추측할 수 있다.

충남 서천군 시초면 풍정리 도마천과 도마다리마을

충남 서천군 시초면을 흐르는 도마천은 그 북쪽의 옥산면 신안리와 서천군 구동리 경계에 있는 원진산과 월명산에서 발원發源하여 문산 저수지를 거쳐 금강으로 흘러든다. 도마천이라는 지명은 문산저수지 남쪽의 도마다리마을에서 파생된 것으로 여겨진다. 도마다리는 명곡 고개 아래에 위치한 월경사 옆에 있는 마을이다. 이 마을 남쪽의 도마 천이 흐르는 곳에 도마교가 설치되어 있는데, 이 마을 지명은 군포시 도마다리의 사례와 마찬가지로 널빤지로 놓은 다리가 있다고 하여 도 마다리가 되었다.

조선시대에는 행인의 편의를 도와주는 원집이 있었으므로 원동院洞 도마다리마을이라 불렸는데, '도마다리'라는 지명은 인천의 도화동이 라는 곳의 옛 지명을 비롯하여 전주시 인후동과 경남 진주시 남성동 등지에도 분포하고 있다. 도마천은 여러 마을을 지나 흐르는데, 그중 에서 도마다리의 '도마'를 딴 것은 이 마을의 상징성 때문일 것으로 풀 이된다.

지명의 유래는 타 지역과 마찬가지로 불분명하다. 주민들의 이야기

사진 43 도마다리마을

로는 '도마'라는 지명은 예전부터 쓰던 것일 뿐 유래를 정확히 알 수 없으나, 앞에서 이야기했듯 도마다리가 과거에는 나무로 만들어져 있었기에 흔히 말하는 나무도마에서 유래한 것으로 추측할 수 있다(구재면, 74세)고 한다. 서천의 향토연구가 유승광 박사는 역사시대의 지명, 즉 백제 이후의 지명 변천은 알려져 있으나, 도마천이나 도마다리마을의 유래는 분명하지 않음을 지적하였다. 그는 서천 일대가 백제에게 중요한 지역이었던 바, '크다'라는 뜻의 도都와 '마을'이라는 뜻의 마馬가 합쳐져서 도마라는 이름이 붙여졌을 것이라는 추측을 하였다.

시초면은 백제의 중심지로 불릴 만한 중요한 곳이었다. 백제시대의 서천은 금강을 통해 웅진이나 사비를 해상과 연결하는 입구에 해당하는 군사적 혹은 경제·교통의 전략적 요충지였다. 도마다리 남쪽의 풍정리 산성을 비롯한 봉선리 유적이 이를 뒷받침하고 있다.

사진 44 도마천에 건설된 도마다리

　시초면 풍정리에는 일명 두루재산, 장군봉이라 불리는 산성이 있다. 두루재산의 경우 금강의 지류인 도마천이 북에서 남으로 흐르고 평야지대가 펼쳐져 주변 지역을 조망하기가 용이하였다. 풍정리 산성은 단순히 산성 그 자체로 머무르지 않는다. 풍정리 일대에는 산성 축성과 동일한 시대로 여겨지는 백제고분이 많이 분포하고 있는데, 지난 1993년 봉선리 숫골 마을에서 백제토기가 발견되어 매장문화재로 신고되었고, 주변에서는 백제고분이 발굴되기도 하였다. 백제고분이 산재해 있다는 것은 이 지역 일대 풍정리 산성을 중심으로 서천의 백제시대의 치소가 있었던 것으로 추정할 수 있음을 의미한다.

　시초면은 원진산과 천방산 남쪽 자락에 오밀조밀하게 자리 잡고 있다. 이 지역에는 도마천의 물줄기가 금강을 향해 흘러가고 있으며, 봉선 저수지의 용트림을 끌어안고 있는 곳이다. 7세기 인물인 구대림丘

大林의 피를 이어온 평해 구씨의 집성촌이기도 하다.

시초면은 연구나 발굴이 되지 않았을 뿐이지 역사적으로 중요한 위치를 차지하고 있다. 이 지역은 풍정리 산성을 중심으로 한 주변 산성 배치를 통하여 백제시대의 산성 배치 연구뿐만이 아니라 행정 및 군사적인 치소의 범위를 구명할 수 있는 요충지이다. 지난 2003년 충남발전연구원 부설 충남역사문화연구소가 봉선리 약 1만 6000평을 발굴한 결과 청동기시대부터 조선시대에 이르는 생활유적과 분묘유적이 다량 발굴되었다. 유구의 경우 청동기시대 주거지 25기, 청동기시대 석관묘 11기, 청동기시대 원형구덩이 7기 등 옛 주거지와 무덤 총 360여 기, 그리고 유물의 경우 석기류와 구슬류, 백제시대 토기류, 장신류 및 자기류 500여 점이다.

발굴된 유적과 유물만 보아도 당시 시초면 풍정리 일대는 백제인들의 흔적이 가장 많이 나타나는 곳이다. 풍정리 산성을 중심으로 백제인들이 거주했었고, 당시 행정도 시초면을 중심으로 이루어져 이곳이 군사시설, 행정시설의 중심이었음을 가늠할 수 있다. 들판이 넓은 시초면을 둘러싸고 지금의 장항, 서천, 비인, 한산 지역에 산성이 존재하는 이유도 시초면에 있는 주요 군사, 행정기지를 보호하기 위함이었다. 이는 당시 백제의 수도였던 지금의 공주와 백제로 가는 해상 길목이었던 이곳을 지키지 못할 경우 수도인 공주나 부여가 쉽게 침략당할 수 있었기 때문이라는 것이 역사학자들의 설득력 있는 주장이다. 바로 시초면이 금강과 연계성을 가질 수밖에 없는 대목이다.

도마다리마을이 위치한 신농리와 수암리 일부에서는 과거 백제시대의 중심지였을 것으로 추정되는 고분과 환두대도가 출토된 바 있

사진 45 풍정리 도마천과 도마다리마을의 위성사진

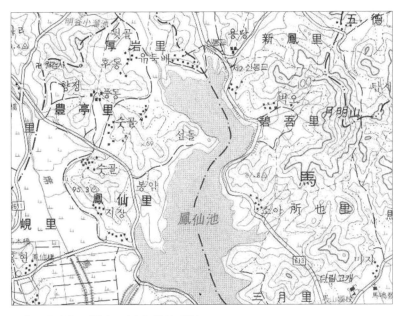

그림 35 풍정리 도마천과 도마다리마을의 지형도

제II편 국토에 각인된 두모사상

다. 전술한 고분은 문산 백제고분으로 도마천 일대에 자리 잡고 있으며, 신농리와 수암리에 다수 분포하고 있다. 특히 신농리에는 백제의 지배층이 사용했을 것으로 추정되는 환두대도가 출토됨으로써 이 지역이 이 일대의 하층민들을 다스리는 데 요긴한 장소 혹은 농업의 중심지였을 것으로 간주되고 있다. 그리고 이와 함께 신농리와 붙어 있는 지원리에서 고인돌이 발견된 된 것은 이 일대의 두모계 지역들이 청동기시대부터 고대 한민족들의 생활터전으로 사용되었음을 알려준다. 이는 매우 중요한 점이 아닐 수 없다. 앞서 설명한 것처럼 백제시대에 이 지역이 중심지였음은 자명한 일이지만, 그 이전의 시기에도 이 지역에 사람들이 살았고, 권력의 상징인 고인돌까지 만든 것으로 미루어 볼 때 이 지역에 커다란 세력이 자리 잡고 있었음을 알 수 있기 때문이다. 이를 근거로 우리 조상들이 따뜻함과 득수가 용이한 지역을 원하는 풍수사상을 지녔음을 확인할 수 있다.

충북 괴산군 칠성면 쌍곡리 도마골, 도마재

괴산군 칠성면 쌍곡리의 도마골은 속리산국립공원 내에 위치한 오지 마을로 군자산을 비롯한 보배산과 칠보산 등으로 둘러싸인 산골 마을이다. 도마골 앞으로는 막장봉과 악휘봉에서 원류한 행목천이 쌍곡계곡을 따라 흘러 쌍천에 합류한다. 이 마을의 남서쪽에는 보배산을 등지고 하천 건너편의 도마골을 지나 군자산 줄기를 넘는 도마재가 있다. 도마재라는 지명이 도마골로부터 파생된 것임은 물론이다. 이러한 오지 마을은 흔히 '두메산골'의 '두메'로 지명이 바뀌는 경우가 있는데, 쌍곡리의 도마골은 그 지명을 그대로 유지하고 있다. 이와 같이 산중에 입지한 두메산골 마을은 피난처로도 유명하다.

이 일대의 충북 괴산에서는 희귀수종 망개나무 집단 자생지가 발견되어 학계의 관심을 모으고 있다. 충북 산림환경연구소는 괴산군 칠성면 쌍곡리 군자산에서 국내 최대 규모의 망개나무 집단 자생지를 발견하여 연구 중에 있다. 군자산은 해발 940m로 충청북도 괴산군 청천면 관평리와 칠성면 쌍곡리, 칠성면 사은리에 걸쳐 있는 산으로 충청북도의 도유림이면서, 속리산국립공원에 속해 있다. 망개나무 자생지는 군자산 정상으로부터 도마재에 이르는 능선에서 시작해 도마재 뒤편 사은리의 일부분과 도마재에서 내려오는 도마골 일대에 고루 분포하고 있다.

사진 46 괴산군 칠성면 쌍곡리 도마골의 위성사진

제II편 국토에 각인된 두모사상

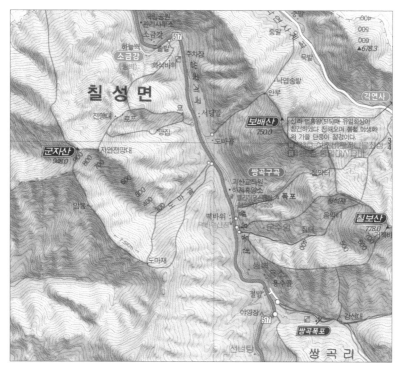

그림 36 괴산군 칠성면 쌍곡리 도마골의 지형도

두무

경기도 인천광역시 옹진군 백령면 가을리 두무진

인천광역시에 포함된 백령도 두무진頭武津은 1997년 12월 30일 명승 제8호로 지정되었다. 두무진은 백령도의 북서쪽에 있는 포구로, 지정 면적은 450만 m²이다. 백령도의 원래 명칭은 곡도鵠島로, 따오기 곡鵠 자를 쓰는 이유는 마치 따오기가 흰 날개를 활짝 펴고 나는 모습 같다 하여 붙여진 이름이라 전해 내려온다. 두무진이 위치한 가을리는 동 쪽으로 북포리, 남쪽의 연화리와 인접해 있다. 연화리蓮花里라는 지명 은 마을 앞에 연꽃이 많이 피는 연당이라는 연못이 있어서 연지동이 라고 부르다가 후에 연화리로 개칭한 것이다.

두무진이라는 지명에 대해서는 뾰족한 바위들이 많아 생긴 모양이 마치 머리털 같다고 하여 두모頭毛라 부르다가, 후에 장군머리 같은 형상이라 하여 두무頭武로 개칭하였다는 유래가 전해 온다. 또한 산림 이 울창한 곳이라 하여 두모진頭毛津이라고 하였으나, 러일전쟁 때 일 본의 병참기지가 생긴 후로 두무진頭武津으로 바뀌었다고도 한다. 따 라서 이곳 역시 '두무'와 '두모'가 번갈아 지명으로 사용되었음을 알 수 있다. 이들 지명유래는 모>무의 모음전이가 일어난 현상을 지명 전설로 대체한 것으로 풀이된다. 그러나 오늘날에도 두모진頭毛津으로 표기하는 경우가 많이 있다. 예전부터 이곳에는 해적의 출입이 많았 던 것으로 전해지며, 1832년 우리나라 최초의 순교자인 로버트 토마 스R. J. Thomas가 두무진을 통해 상륙한 바 있다.

제II편 국토에 각인된 두모사상

사진 47 절벽해안의 두무진

사진 48 백령도 전경

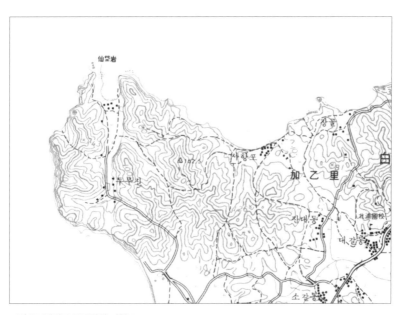

그림 37 백령도 두무진의 지형도

제II편 국토에 각인된 두모사상

기암괴석이 절벽을 이루는 두무진 포구는 해안가에 위치해 있지만, 주민들이 거주하는 두무진 마을은 내륙 쪽으로 약 1.5km 떨어진 곳에 있다. 두무진 마을은 앞에 작은 하천이 황해로 흘러들고 산으로 둘러쳐 있다. 절벽을 이루는·만입부에 마을이 입지한 경우 두모계 지명이 붙는 것은 일본의 출운향出雲鄉과 포항시 대보면의 다무포에서도 유사한 사례를 찾아볼 수 있다.

풍광이 좋은 두무진 해안가는 주로 사암과 규암으로 이루어져 있으며, 층리層理가 잘 발달하여 곳에 따라 물결치는 듯한 물결 자국의 지층이 관찰된다. 파도에 의해 오랜 기간에 걸쳐 이루어진 병풍같이 깎아지른 듯한 해안절벽과 가지각색의 기암괴석이 솟아 있어, 금강산의 만물상과 비견되어 황해의 해금강이라 불린다. 홍도나 거제도 해금강의 기암괴석과는 달리 층상암벽에 코끼리바위, 장군바위, 신선대, 선대바위, 형제바위 등의 온갖 형태로 조각된 바위가 서로 조화를 이루어 홍도와 부산 태종대를 합쳐 놓은 듯한 절경이다. 특히 선대바위는 1612년광해군 5 백령도로 귀양 온 이대기1551~1628가 『백령도지白翎島誌』에서 '늙은 신의 마지막 작품'이라고 극찬했을 정도로 풍광이 빼어난 곳이다. 높이 30~40m 되는 일부 암벽에는 염생식물이 자라고 있으며, 큰 바위 틈에서는 범부채가 자라고 있다.

경기도 시흥시 과림동 두무저리

시흥시 북쪽에 위치한 과림동은 행정동으로 법정동인 과림동과 무지내동을 관할하고 있다. 과림동에 속한 두무저리는 양지산 및 동살

미산과 봉재산을 동쪽으로 등지고 그 앞으로는 목감천이 흐르고 있었다. 예로부터 이곳은 봉재산에서 흘러내리는 물을 저장하는 모갈소류지를 중심으로 벼농사가 이루어지는 농촌 지역이었다. 두무저리는 모갈, 부라위, 사택, 숫두루지, 중림 등과 함께 과림동에 속해 있는 자연마을이다.

'두무절'이라는 사찰이 마을 위쪽에 있었기 때문에 두무절리里라는 이름으로 불렸으나, 이것이 두무절리 > 두무절이 > 두무저리의 과정을 거쳐 변화된 것으로 생각된다. 현재 '두무절'이라는 사찰은 없어진 상태인데, 마을 주민들의 증언에 의하면 절간에 빈대 등과 같은 벌레가 너무 많아서 불태워 버렸기 때문이라고 한다. 두무절과 유사한 지명은 이곳 이외에도 충남 부여군 규암면 우수리의 드무절이 있다. 우수리와 인접한 신리에는 드무재가 있는데, 이것은 드무절이란 사찰에서 파생된 지명으로 여겨진다.

이 마을은 조선 후기인 18세기부터 집성촌이 형성되기 시작하였다. 두무절이 마을에 위치한 과림동(당시 과림리)의 경우 여흥 민씨 35세대와 청주 한씨 21세대가 집성촌을 형성하고 있었던 것으로 전해진다. 사실상 조선 전기~중기까지는 경작지뿐 아니라 분묘로 꾸밀 수 있는 임야의 제한이 있어, 형제간에 타 지역으로 분기하는 현상이 지속적으로 일어났기 때문에 집촌화 또는 동족촌의 형성이 쉽지 않았다(경기문화재단, 2000). 그럼에도 불구하고 인구가 성장하여 규모를 갖춘 자연촌락으로 발전할 수 있었던 것을 보면 이곳이 살기 좋은 마을이었음에는 틀림없다.

『신증동국여지승람』과 『여지도서』에 남아 있는 기록에 따르면, 현재

사진 49 과림동 두무저리의 마을 입구

두무저리가 위치한 과림동은 조선시대에도 오늘날과 마찬가지로 한
양과 안산군을 잇는 중림도의 역이었다. 따라서 그 주변에 가촌街村을
이루는 취락이 형성되었을 것으로 짐작되는데 정확한 위치는 불분명
하다. 오늘날에도 이곳은 여전히 안산, 부천, 광명을 잇는 주요 길목
구실을 하며, 도로변 가까이에는 중소 공장들과 주택이 혼재하는 양
상을 보인다.

　두무저리마을이 위치하고 있는 과림동은 고분을 비롯한 고대의 매
장문화재와 청자 및 백자 등이 출토된 바 있다. 이것을 바탕으로 살펴
볼 때 이 지역은 아주 오래전부터 사람들의 주거지였을 것으로 추정
해 볼 수 있다. 여기서 주목해야 할 점은 봉재산을 경계로 서쪽에 도
창동 도두머리 마을, 동쪽에는 과림동 두무저리 마을이 분포한다는
것이다. 따라서 도두머리와 두무저리 두 마을의 주산은 봉재산이었던

사진 50 과림동 두무저리의 위성사진

그림 38 과림동 두무저리의 지형도

　　　　　　　　　　　　　제II편 국토에 각인된 두모사상

것으로 생각할 수 있다.

경기도 이천시 수정리의 두무실과 고백리의 두무재

이천시 부발읍의 두무실杜茂谷은 원래 무촌리에서 사동리로 가는 도중에 위치한 작은 마을이었고, 고백리의 두무재杜茂峴는 홍천에서 42번 국도로 남하할 때 수리재와 함께 넘는 고개의 지명이다. 두무실, 즉 두무마을은 위락시설을 갖춘 관광농원이 들어서면서 소멸되었으나, 두무재라는 지명은 현존하고 있다.

두무재 지명유래에는 여러 가지 일화가 전해 내려온다. 그중 하나는 임진왜란 때 명나라 장군 이여송이 이끄는 부장 중 두사충이 이천의 금반형지金盤形地를 찾아 헤매다 두무재에 올라 원적봉을 바라보던 중, 그곳을 찾아내고는 기쁜 나머지 덩실덩실 춤을 추었던 곳이라 하여 '두무재'라 불렀다는 것이다. 두사충은 조선시대에 명성을 떨친 지관 중 한 사람으로 전국 각지를 돌며 수많은 설화를 낳은 인물이며, 본서에서 여러 차례 언급된 바 있다. 우리나라의 명당 중에는 충북 청원군 문의면 두모리와 같이 두사충과 관련된 지명이 몇몇 곳이 있다. 이는 두사충이 유명한 지관이므로 그의 이름을 빌어 명당임을 나타내려는 의도가 있었을 가능성이 있다. 만약 이와 같은 설화가 옳다면 한자표기가 '杜舞'가 되어야 하지만, 이곳의 한자가 '杜茂'이므로 설화의 내용은 신빙성이 없다.

이와는 달리 현지 주민들이 기억하고 있는 지명유래는 ① 주변보다 높은 곳이므로 '더미'에서 변형되어 두무가 되었다는 설, ② 과거 도

사진 51 이천시 고백리 두무재의 공동묘지

사진 52 이천시 고백리 두무재의 위성사진

제II편 국토에 각인된 두모사상

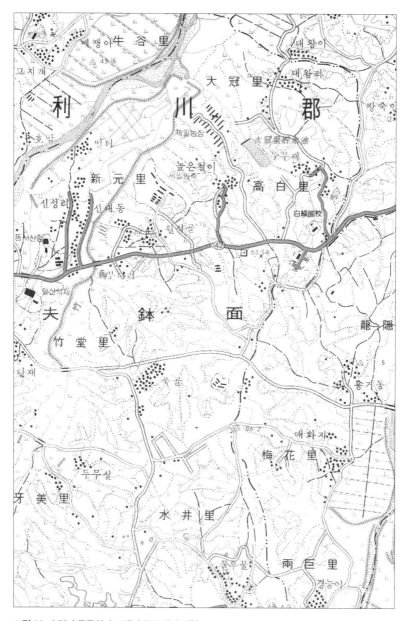

그림 39 수정리 두무실과 고백리 두무재의 지형도

둑이 횡행하여 인적이 드물다는 뜻으로 '드문재'라고 칭하다가 두무재로 바뀌었다는 설, ③ 고갯길에 도둑이 출몰하니 짐을 '두고' 가야 한다고 하여 두무라 명명했다는 설 등이 있으나 그 어느 것도 신빙성이 없어 보인다.

두무재 일대가 음택풍수의 명당이라는 소문이 퍼진 탓인지 협소한 면적임에도 불구하고 유난히 묘지가 많다. 특히 두무재가 있는 구릉지에는 마치 공원묘지와 같이 묘지가 집단적으로 분포하고 있다.

충북 충주시 엄정면 목계리 두모소와 용관동 두무소마을

두모소는 충주시 엄정면 목계리에 위치하고, 두무소마을은 충주시 용관동에 위치해 있다. 구체적으로는 금가면 하담리와 경계를 이루는 강변에 두모소가 있다. 탄금대 열두대 앞에서 배를 타고 푸른 물결을 헤치며 창동 마애불, 중앙탑, 중원고구려비를 지나 내려오면 충주 조정지댐이 가로막는다. 오늘날에 댐으로 가로막혀 있는 이곳은 옛날에는 여울이어서 큰 배가 다니기는 어려웠을 것이다. 이 여울을 지나 모현정을 바라보고 내려오면 물길은 두 갈래로 분기된다. 강 한가운데에 홀로 강의 흐름을 막아선 '뒷섬'이라 불리는 석도산席度山이 우뚝 서 있어서 강은 두 갈래로 갈라지는 것이다.

서쪽으로 갈라진 한 굽이는 남한강 본류가 되고, 동쪽으로 갈라진 한 굽이는 샛강으로 흐른다. 이 샛강으로 갈라지는 곳에 만들어진 큰 규모의 소沼를 '두모소杜母沼'라고 한다. 두모소는 일명 두무소杜舞沼라고도 불리는데, 이는 누차 지적한 것처럼 두무와 두모가 음운변화의 교계 영역에 있기 때문이며, 후술하는 두사충과 연결시키기 위함이었을 것이다. 이 지명에는 명당明堂과 관련된 설화가 마을 사람들의 입과 입을 통해 전해 내려오고 있다.

선조 25년1592, 임진왜란 당시 조선에 원군으로 들어온 명나라 장수 이여송은 모사로 두사충을 데리고 왔다. 두사충은 본서에서 여러 차례 설명한 바와 같이 명산대천名山大川의 비혈秘穴을 연구하고 탐색하는 지사地師의 묘를 터득하고 있었다. 그래서 그들은 어느 지역인가에 반드시 염라대왕의 반열에 오를 수 있는 명당인 염라혈閻羅穴과 신선의 반열에 오를 수 있는 명당인 비선혈飛仙穴이 있을 것이라고 확신하고 있었다. "해동조선海東朝鮮 땅의 지세가 신묘神妙해서 호걸과 인재가 많이 배출된다."라고 하여 항상 조선 땅을 밟아보고 싶었던 그들은 마침 명나라 황제의 명을 받아 이여송이 원군을 이끌고 조선에 오

사진 53 엄정면 목계리 두모소

게 되자 그 참모로 두사충을 데리고 오게 된 것이었다.

팔도강산을 돌아다니며 산수지세를 살피고 난 두 사람은 혀를 내두르며 감탄하였다. 발길 닿는 도처에 명당 아닌 곳이 없었기 때문이다. 그들은 마침내 장차 조선 땅에서 뛰어난 왕후장상王侯將相이 배출되지 못하도록 명혈을 끊는 것을 왜군과 싸우는 것보다 더 중요하게 여기게 되었다. 한편 혹시 있을지도 모를 운명에 대비해 자신들이 묻힐 명혈을 찾는 데도 혈안이 되었다(한국학중앙연구원, 2009).

이 무렵 금가면 하담리 두담에서 강 가운데 있는 뒷섬의 아름다움에 매혹된 두사충이 이곳에 들어와 사방을 둘러보다가 서쪽을 바라보고 나서 얼굴색이 변하였다. 그가 그토록 찾던 비선혈이 강을 건너 서남쪽으로 길게 누운 장미산336.9m 기슭에 버젓하게 전개되어 있었던 것이다. 두사충은 두근거리는 가슴을 안고 몇 번을 보아도 그곳은 분명 학비등천혈鶴飛登天穴로서 틀림없는 비선혈이라 판단하였다. 그는 황급히 붓을 들어 도면을 그린 다음 너무도 좋아서 둥실 둥실 춤을 추며 장미산 기슭으로 달려갔다. 그런데 현장에 달려온 두사충은 풀이 죽고 말았다. 그토록 신묘하던 명당이 아무것도 아닌 평지에 지나지 않았기 때문이었다.

두사충은 고개를 갸웃거리며 전에 춤추던 장소로 돌아와 보니 아까 그곳은 틀림없는 명당이었다. 그러나 현장에 다시 가 보면 쓸모없는 무명지無名地였다. 몇 번인가 같은 행동을 되풀이하던 두사충은 마침내 자신이 그와 같은 명소를 차지할 수 없는 운명임을 깨닫고 돌아서야 했다. 그리하여 후세 사람들은 두사충이 춤을 추던 곳이라고 해서 그곳을 두무소杜舞所라 불렀고, 그 앞에 형성된 물웅덩이를 두무소杜舞

사진 54 엄정면 목계리 두모소의 위성사진

그림 40 엄정면 목계리 두모소의 지형도

沼라고 칭하였다. 오늘날에는 두무소가 아닌 '두모소'라 불리고 있다.

한편 용관동에 위치한 두무소마을은 남한강 지류인 달천변에 입지한 촌락이다. 이 마을은 국사봉266.4m과 소대기산을 서쪽에 등지고 독

사진 55 용관동 두무소마을

사진 56 용관동 두무소마을의 전주 이씨 묘

정, 상용두, 하용두, 상용관, 하용관 등의 마을이 분포하고 있다. 북쪽에 달천의 지류인 요도천이 가로막고 있으므로 이들 마을 주민들이 외부로 나가기 위해서는 관음사가 있는 두루봉의 아리랑고개를 넘어가야 한다. 두루봉으로부터 발원한 실개천은 경작지에 '고래실'을 형

제II편 국토에 각인된 두모사상

사진 57 용관동 두무소마을 입구의 고목

성하였다. 이것은 이 일대가 기름진 옥토임을 시사하는 것이다. 고래
실은 바닥이 깊고 물길이 좋아 기름진 논을 말하며, 마을 주민들에게
도 '물이 안 빠지고 안 마르는 최고로 좋은 땅'으로 인식되고 있었다.
여기서 주목해야 할 것은 용관동의 두무소가 목계리의 두모소와 동일
하게 두담마을 인근에 위치한다는 점이다. '두담'으로부터 이곳이 과
거 두모계 지명이었음을 유추할 수 있는 실마리를 얻을 수 있다.

　이 지역에 취락이 형성된 시기는 불분명하나 오래전부터 사람들이
거주하기 시작한 것은 분명하다. 조선왕조 때 양녕대군조선 태종 이방원
의 아들의 후손인 전주 이씨들이 모여 살던 집성촌이었음을 확인할 수
있다혹자는 세종의 12남인 한남군의 후손이라고도 한다. 그러나 현재는 여타 집성
촌들과 마찬가지로 집성촌으로서의 성격을 상당 부분 상실하였다. 작

사진 58 용관동 두무소마을의 위성사진

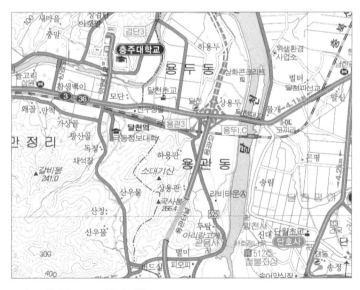

그림 41 용관동 두무소마을의 지형도

년까지만 해도 40여 가구가 살고 있었으나, 현재는 그마저도 줄어 전주 이씨는 거의 사라졌다(이원철, 68세). 전주 이씨 묘소가 마을 뒷산 국사봉에 입지해 있다는 것과 사당을 지어 한남군(1429~1457)을 기리고 있다는 사실로부터 이곳이 한때 그들의 집성촌이었음을 추측할 수 있을 따름이다.

두무소마을에는 두 가지 상징물이 있는데, 하나는 한남군 사당이고, 다른 하나는 거대한 느티나무이다. 두루봉 중턱에 위치해 있는 한남군 사당은 세종의 아들인 한남군을 기리기 위한 것으로서 바로 아래쪽에는 그 후손이 거주하는 주택이 있다. 마을 가운데에 우뚝 서 있는 거대한 느티나무는 수령이 410년에 달하는 고목이다. 이는 두무소마을이 오래된 취락임을 암시하는 것으로 볼 수 있다.

충남 서산시 지곡면 무장리 두무골

서산시 지곡면 무장리의 두무골은 '황해경제자유구역'으로 지정된 지곡지구와 인접해 있는 작은 마을이다. 성왕산에서 발원한 하천들이 원천천을 지나 대호지무장수로에 합류하여 황해로 흘러드는데, 두무골에는 허봉산과 회동재에서 발원한 하천이 마을 서쪽으로 흐르고 있다. 이 마을 주변에는 20가구 정도에 달하는 가옥이 갈오지 · 돈지 · 삼박골 · 절외 등지에 분포하고 있다. 대호지 일대는 해안 쪽으로 조성된 대호방조제로 인하여 육지화되었으나, 과거의 두무실은 해안과 가까웠다.

지곡면은 삼한시대부터 이 지방의 중심지였는데, 마한 54개국 중 하나인 치리국국致利鞠國이었으며, 고려 명종 12년1182까지는 기군·부성 등의 관호를 가지고 있었다. 고종 32년1895에 단행된 행정구역 개편으로 23개 마을로 분할되었다가 일제강점기1914 행정구역 개편에 따라 웅도리가 대산면으로 변경되고, 문곶리와 탑동리 일부가 환성리로 바뀌었다. 그 후, 문현면의 연화리가 지곡면으로 편입되면서 서산시 지곡면이 되었다.

무장리는 조선시대에 지곡면 두모곡리·돈지리·부장동리의 3개동으로 구성되어 있었다. 1895년에 단행된 행정구역 개편 시 두모곡리로부터 원천리가 분할되고, 돈지리의 한자 '地'가 '池'로 바뀌면서 신동이 떨어져 나갔으며, 부장동리에서는 사동이 분할되었다. 그 후, 1914년의 행정구역 개편으로 원천리만 화천리에 통합되고 여러 마을을 합하여 무수리와 부장동리가 되었다. 이들 두 구역의 지명을 따서 무장리가 된 것이다.

'두무실'이라 불리게 된 것은 옛날 이 마을에 정착한 어느 모자가 정성껏 터를 잡고 부지런히 일을 하여 빨리 끝내는 아들로 하여금 장자長者가 되게 한 모자母子의 정성이 서린 마을이라 하여, '두무'라는 지명이 유래되었다고 전해 내려오고 있다(최문휘, 1988, p.60). 그러나 이 전설대로라면 '두무'가 아니라 '두모'라야 옳다. 이 지명유래 역시 신빙성이 없어 보이는 지명전설에서 찾을 수 있다.

또 다른 지명유래로는 옛날 이곳의 지명이 골짜기를 이루고 있는 까닭에 '두메곡'으로 불렸는데, 이것이 두모곡斗母谷으로 개칭되었다가 다시 두모곡斗母曲으로 한자표기가 바뀌었다는 설이 마을 주민들에 의해 구전되고 있다. 또한 풍수적으로 볼 때 어머니가 베를 짜는 형

사진 59 무장리 두무골의 위성사진

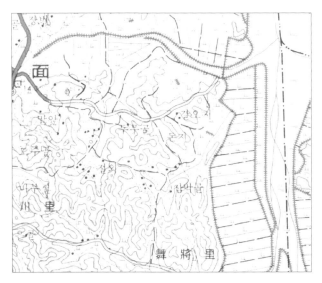

그림 42 무장리 두무골의 지형도

국이라 하여 '두모골'이라 칭하였는데, 그 후부터 '두무골'로 변하였다는 구전도 있다. 무장리 주변의 웅녀봉과 주변 지역의 형국이 마치 여자가 실을 뽑아내는 형국이라는 것이다. 이러한 사실을 보았을 때, 이 마을의 지명이 언제 두모에서 두무로 바뀌었는지 알 수 없으나 '모'와 '무'의 호환이 빈번하다는 것을 알 수 있다.

지곡면에서 배출한 역사적 인물로는 조선초기 산수화풍을 창출한 안견安堅을 꼽을 수 있다. 현존하는 대표작으로는 조선초기 회화에 커다란 영향을 주었던 곽희파郭熙派 서풍을 바탕으로 하였으며, 안평대군의 부탁을 받고 단 3일 만에 그렸다는 몽유도원도夢遊桃園圖가 있다. 서산의 지방지『호산록湖山錄』광해군 11에서 안견의 출신지가 지곡면으로 밝혀졌는데, 그곳이 두무골이 있는 무장리일 것으로 추정된다. 오늘날 이 마을에는 58가구 중 주로 안동 권씨와 청주 한씨, 김해 김씨 등이 거주하고 있다. 처음 이곳에 살기 시작한 것은 안동 권씨로, 약 200~250명에 달하는 주민들이 들어와 살기 시작한 것으로 전해지고 있다.

충남 서산시 성연면 고남리 두무골

서산시 성연면 고남리의 두무골杜茂谷은 연화산에서 뻗어 내린 구릉지가 낮은 봉우리를 이루며 마을을 감싸고 있고, 성연천으로 흘러드는 작은 지류가 관개수로를 이루고 있어 논농사를 가능하게 해 준다. 하천은 서쪽에서 동쪽으로 흐르다가 비교적 넓은 오지평야와 만나는 지점에서 성연천으로 합류한다.

조선시대에 성연면에는 성연부곡星淵部曲과 정소부곡井所部曲이 있었는데, 『신증동국여지승람』에 의하면 정소부곡은 고남리 일대로, 그 밖을 성연부곡으로 추정하고 있다. 성연면은 고려시대에 조창租倉이 설치되어 교류가 빈번해지면서 이 일대의 상업 중심지 기능을 담당하게 되었다. 성연면의 고남리는 조선시대의 삼고개리와 아남리를 합쳐서 고남리로 명명된 것이다.

이곳의 가옥들은 마을로 통하는 도로를 따라 북쪽에 산을 등지고 남향으로 배치되어 있다. 이 마을에는 15가구 정도가 거주하고 있으며, 최근에는 '서산 테크노밸리'가 조성되면서 신규 이주민들이 새로 가옥을 지어 입주하고 있다. 두무골에서 한자골에 이르는 지역의 토지이용은 전형적인 구릉성 침식평야에서 볼 수 있는 경관이다. 구릉의 산록부에서는 감자·고추 등의 밭농사가 행해지고, 구릉 사이의 충적층에서는 논농사가 활발하게 이루어지고 있다. 두무골은 주로 여산 송씨들이 모여 사는 집성촌이었다.

고남리 두무골 고분은 성연면 소재지에서 서남쪽으로 약 2.5km의 거리에 있는 고남리 두무골마을에 위치한다. 이 마을의 북서쪽으로 해발 98m의 야산이 있는데, 고분군은 이 산의 남동향 사면 하단부에 있다. 주민들의 말에 따르면 수십 년 전 고분이 도굴되는 과정에서 수십 점의 토기가 반출되었다고 하나, 현재 고분과 관련된 유물은 알 수 없다. 고분군은 현재 야산 구릉으로 이루어져 있어 소나무와 잡목이 식재되어 있고, 곳곳에 고분 석재가 노출되어 있다. 고남리 두무골 고분은 구체적인 축조 시기는 알 수 없으나, 성연면 일대의 고고학적 환경을 알 수 있는 자료이다. 이를 통해 두무골 일대는 매우 오래전부터

사진 60 고남리 두무골의 위성사진

그림 43 고남리 두무골의 지형도

제II편 국토에 각인된 두모사상

인류가 거주했던 곳임을 알 수 있다.

조선 후기의 유적 현황을 보면 두무골마을의 서쪽에 고남리 아남이에는 마을과 자연경계를 이루는 표고 100m 미만의 산이 있는데, 이 산의 아남이 고개를 넘어 아남이마을로 넘어가는 좁은 길이 개설되어 있다. 사지寺址는 마을의 중앙에 있는 느티나무에서 북동쪽으로 0.6km 정도 떨어진 곳에 있는 능선의 남사면 중하단부에 위치한다. 절터로 전해지는 지역에는 가건물이 들어서 있고, 앞쪽으로는 경작되고 있는 70여 평의 밭이 있다. 현지 주민의 증언에 의하면, 이 절터에 있던 석재를 보호수에서 북쪽으로 5m 가량 떨어진 곳에 있는 마을 우물로 옮겨 빨래판으로 사용했다고 한다. 지금도 이 우물 옆에는 석재가 놓여 있는데 폭 94cm, 너비 67cm, 두께 100m의 크기로 기단석재基壇石材의 용도로 추정된다. 현재 석재는 한쪽 모서리가 파손되어 있고, 중간 부분은 닳아서 움푹하게 패여 있다. 수습되는 유물을 통해 조선 후기 작은 절터가 있었던 것을 알 수 있다(서산시편, 2006). 사찰풍수에 의거하여 보면 소규모 사찰이 입지했다는 것은 명당으로 손꼽혔음을 암시하는 것이다.

충북 충주시 동량면 손동리 두무실

충주시 동량면 손동리에는 두무실杜茂谷을 비롯하여 독지, 탄동, 음양지 등의 작은 마을이 있었지만, 이들 마을은 충주댐이 건설되면서 수몰지구에 포함되어 거의 소멸되었다. 남한강 하천변에 위치했던 이들 마을은 주봉산과 부대산을 비롯하여 관모봉, 지등산, 인등산, 부산 등으로 둘러친 골짜기에 입지해 있었다.

두무실 지명은 고려 말 몽골군이 침입했을 때 이 일대에서 전투가 벌어졌는데, 고려군이 잘 막아 내어 말에 타고 있던 장수가 기뻐하며 춤을 추었다 하여 유래한 것으로 전해지고 있다. 이 지명유래 역시 명나라 두사충의 전설이 왜곡된 것에 불과하다. 전설에 따르면 말 두斗에 춤출 무舞이므로 두무斗舞이어야 하는데, 우선 말 마馬자가 아니며 두무杜茂가 아닌 점도 잘못된 점이다.

충주시 동량면 손동리 음양지 마을에서 두무실에 이르는 입구에 권상하 묘소 안내표지석이 있다. 이 묘소는 이곳에서 산속으로 1.5km를 올라가야 하는 안동 권씨 문순공파의 문중산門中山이 있는 곳으로, 시멘트 포장과 비포장이 어우러진 경사진 산비탈 도로를 따라 산을 하나 넘으면 올려다 보이는 곳이다. 이 마을은 인등산 정상에서부터 흘러내린 한 개의 봉우리가 솟아 있는 곳이며, 왼쪽은 '속실', 오른쪽은 '작은 속실'이라 불리는 능선의 정상부에 권상하의 묘소가 자리하고 있다.

권상하는 조선시대 중기의 학자로서 두무실 남쪽 남한강 건너편의 제천시 한수면 황강리에서 사헌부의 벼슬인 정3품의 집의執義를 받은 권격의 아들로 태어났다. 그는 일찍이 우암 송시열과 동춘당 송준길의 문하에서 학문을 닦았고, 송시열의 신임을 받는 수제자가 되어 스승으로부터 '자기의 뜻을 이어 달라'는 의미의 수암遂菴이라는 호를 받았다(제천제원사편찬위원회, 1988).

그 후 송시열의 유언에 따라 권상하는 유림들을 동원하여 묘우廟宇를 지었으며 조정에서는 그에게 묘에 딸린 전토田土와 노비를 주었고,

영조 때에는 묘를 중수하였으며 면세전免稅田 20결을 주었다. 또 그는 숙종의 뜻을 받들어, 같은 해 명나라의 태조·신종·의종을 제사 지내는 대보단大報壇을 창덕궁 금원禁苑 옆에 설치하였다.

학문에만 열중하던 권상하는 1721년경종 1 8월 29일 81세의 나이로 청풍면 황강리의 한수재에서 운명을 달리했다. 1727년에는 한수재가 황강서원으로 사액을 받았으나 서원 철폐령에 따라 황강영당으로 개칭되었으며, 권상하의 영정을 모시고 제를 지내는 수암사도 같이 있다. 그의 묘가 고향인 제천시 황강면이 아닌 충주시 동량면 두무실 북쪽 인등산 자락에 있는 것은 풍수적 이유일 것으로 짐작된다.

고려시대 두무실 부근의 정토사에는 법경대사法鏡大師가 머물렀었다. 법경대사는 879년 신라 육두품의 귀족가문에서 출생하여 당나라에서 유학하였고, 귀국하여서는 태조 왕건의 부름을 받고 정토사에 머물면서 충청도 일대의 호족세력을 규합하여 왕건의 지지세력으로 만든 인물이다. 그의 선교융합사상은 왕건의 호족통합정책의 이념적 토대가 되었다.

『토정비결土亭秘訣』의 저자로 알려진 이지함1517~1578은 혼인 뒤 풍습에 따라 처가妻家가 있는 충주에서 살았으며, 두무실을 근거지로 충주 일대에서 활동했는데 바로 그 때 대길삼지大吉三地와 관련한 설화가 생겨났다. '대길삼지'는 두무실 부근에 위치한 동량면 하천리에서 전승되고 있는 전설이다. 옥녀봉780.4m을 주봉으로 하는 산자락 아래에 독지·만지 마을이 풍수적으로 길지 중 하나였는데, 이를 발견한 사람이 이지함이었던 것으로 전해지고 있다. 이에 대한 전설을 소개하면 다음과 같다.

조선 명종 때에 지동을 거쳐 청풍을 향해 가던 이지함이 미라골에서 하룻밤을 묵게 되었다. 그날 밤 우연히 바람을 쐬러 나갔다가 한밤중에 여러 명의 사람들이 미라골 앞을 지니기는 것을 보았는데, 길이 요원했기에 걱정스런 표정으로 그들을 바라보았다. 그런데 다음 순간 이지함은 깜짝 놀랐다. 개울을 건너가던 사람들이 어디로 증발했는지 보이지 않았기 때문이다. 이지함은 그들을 찾으려 하였지만 끝내 종적을 확인할 길이 없었다. 그는 미라골로 되돌아와 객주집 주인에게 그 이야기를 하니 개천 건너 겹쳐진 산기슭에 마을로 들어가는 길이 있다고 하였다. 다음날 이지함은 그의 안내를 받아 계곡 사이의 좁은 길을 따라 들어가니 과연 산속에 마을이 있었다. 이지함은 주변의 지형지세를 살피고는 그곳이 길지吉地임을 깨닫고 탄식하였다. 그리하여 뒤늦게 이 마을이 명당임을 깨달았다고 하여 '만지晩知'라 부르며 오늘에 전하게 되었다. 그는 이 일대의 세 군데 길지를 지목하였는데, 첫째가 만지, 둘째가 독지, 셋째가 무등으로 이들은 대길삼지가 되었다. 오늘날에는 충주댐의 건설로 수몰되어 별도의 마을처럼 보이지만 충주호가 생기기 전에는 계곡 전체가 두모식 지형이었음을 알 수 있다. 두무실 일대의 골짜기는 예로부터 전시에 피난처로 이용되었다(이수훈, 65세).

출세욕이 없고 청빈함을 좋아하던 이지함은 56세가 되던 해에 벼슬길에 올랐으나 그 전에는 한성부 마포나루 근처 '토정'에 가난한 사람들과 같이 흙집을 짓고 살았던 것으로 유명하다. 풍수지리에 조예가 깊었던 그는 현재 공덕동 일대를 인왕산 자락이 두 갈래로 나누어 한강의 지류를 감싸는 두모식 지형으로 인식하였다.

사진 61 손동리 두무실의 위성사진

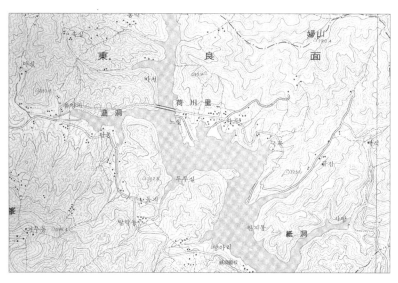
그림 44 손동리 두무실의 지형도

현존하는 두모계 지명

229

충북 제천시 봉양읍 삼거리 두무실

제천시 남쪽의 봉양읍 삼거리에는 예로부터 두무실杜霧谷이라는 마을이 있었다. 이 마을은 산곡동과 장평리와 접한 삼거리 동쪽에 오늘날에도 위치해 있다. 두무실 부근에는 장재와 웃재마을이 있다. 400 ~500m 산으로 둘러싸인 골짜기에 작은 하천이 흘러내려 장평천으로 합류한다.

'두무'의 지명유래는 다음과 같은 전설이 전해 내려온다. 옛날에 중국으로부터 온 두씨 성을 가진 사람이 유배되어 제천에 있는 천남동에 들어와 살게 되었는데, 여기 살고 있던 이씨 집에 의탁하여 살게 되었다. 이씨 집안에서는 수만 리 머나먼 곳까지 흘러온 두씨를 불쌍히 여겨 극진히 대해 주었다고 한다. 두씨도 이씨 일가의 친절이 무척 고마웠고 무슨 일이건 이씨 집안을 위해 보답해 주어야 되겠다고 마음먹고 있었다. 두씨는 재물이나 보화를 가진 것이 없었으므로 명당 묘 자리를 골라 이씨의 후손이 융성하도록 해 주어야겠다고 생각하고는 산천을 찾아보기로 했다. 이곳저곳 두루 돌아다니며 살피던 두씨는 봉양읍 삼거리 두무실에 이르러 참으로 훌륭한 명당자리를 발견하였다.

고생하며 다니다 명당을 찾아낸 두씨는 몹시 기뻐서 둥실둥실 춤을 추며 좋아했다. 두씨는 이씨에게 이 자리를 알려 주었고, 이씨 문중에서는 이곳에 묘를 썼다는 것이다. 그리하여 두씨가 이곳에서 춤을 추었기 때문에 사람들은 두무실이라 부르게 된 것이다. 이곳에는 현재 이씨의 묘가 있는데, 두씨가 잡아 준 자리에 매장한 묘지라고 하는 사

사진 62 두모곡산 북서쪽 기슭의 이씨 묘

사진 63 폐가가 된 이씨 생가(生家)

현존하는 두모계 지명

람도 있고 혹은 그렇지 않다는 사람도 있으나, 여하튼 그 자리가 이 일대에서는 빼어난 명당자리인 것만은 틀림없다는 것이다(제천제원사편찬위원회, 1988).

두무실 설화에 전해지는 것과 같이 두무실 마을 뒷산인 두모곡산 북서쪽 기슭에 이씨 묘가 있다. 경사지에 위치하고 봉분이 다른 묘지에 비해 매우 높게 만들어져 마치 왕릉 같은 모습이었다. 비석에는 통정대부첨지중추부사완산이씨공휘정희지묘 증숙부인칠원윤씨부좌通政大夫僉知中樞府事完山李氏公諱廷熙之墓 贈淑夫人柒原尹氏祔左라고 쓰여 있다. 두무실 마을 주민의 말에 따르면 과거에는 이씨의 집터가 대궐처럼 넓어 두무실 마을의 넓은 면적을 차지하고 있었는데, 현재는 안채와 사랑채였던 건물만 남아 있다고 한다. 이들 건물은 지어진지 100년이 넘었으며, 안채는 사람이 살지 않는 폐가로 남아 있고, 사랑채였던 곳은 주민이 지붕과 부엌 등을 보수하여 거주하고 있다.

이와 같이 두무실의 지명유래는 대부분 두사충과 관련된 것들이지만 이와는 달리 두 마리 학이 춤을 춘 곳이라 하여 붙여진 지명이라는 증언도 있었다(이대영, 60세).

'두무'의 지명 역시 두모와 동일한 지명에서 유래된 것으로 mu와 mo의 음운 차이가 발생한 사례 중 하나로 꼽힐 수 있다. 결국 두무실의 지세가 풍수지리적으로 명당에 속하는 형국이라는 것이다. 대동여지도에는 충주호로 흘러드는 고교천 옆에 두모곡산荳毛谷山이 표시되어 있는데, 이는 두무실이 두모계 지명임을 암시하고 있다. '두무'가 과거에는 '두모'에서 비롯된 지명임을 고문헌과 고지도에서도 확인할 수 있다.

제II편 국토에 각인된 두모사상

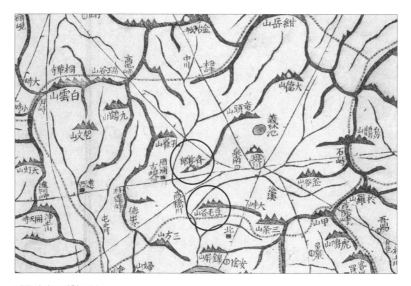

대동여지도 제천 부분

청구요람 제천 부분

그림 45 대동여지도와 청구요람에 표기된 두모곡산

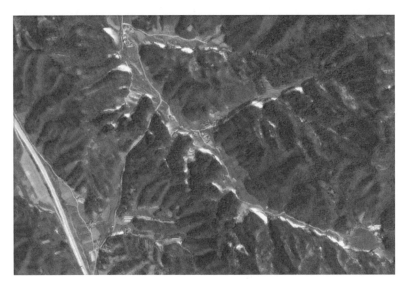

사진 64 삼거리 두무실의 위성사진

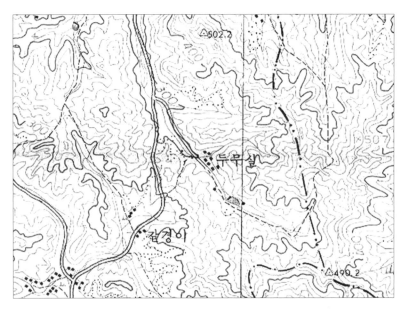

그림 46 삼거리 두무실의 지형도

　　　　　　　　　　　　　　　　　　　제II편 국토에 각인된 두모사상

두무실 주변의 산은 두무곡산豆毛谷山, 삼조산三條山 등으로, 이들은 고지도와 고문헌에도 소개되고 있다. 두모곡산은 『신증동국여지승람』 제천현 산천조에 "두모곡산은 현 서쪽 50리에 있다. 주유산舟遊山과 서로 대하였다."라고 기술되어 있고, 『여지도서』 제천현 산천조에서도 "두모곡산은 현에서 서쪽으로 15리에 있다. 또한 삼조산의 한 줄기이다."라고 설명해 놓았다. 두모곡산은 일제강점기에 두무곡杜無谷으로 불리었고 현재 두무곡豆舞谷으로 한자가 변하였는데, 적군이 쉽게 공격할 수 없는 전략적인 요충지였다고 전해진다. 삼조산은 두무실 마을 주변에서 가장 높은 산으로, 삼조산 서쪽에 두무실 마을이 위치한다. 『여지도서』 제천현 산천조에 "삼조산은 현에서 서쪽으로 18리에 있으며, 말응달산의 줄기이다. 서쪽으로 갈라져서 두모곡산에 이르며, 북쪽으로 꺾여서 제비랑산齊飛郎山에 이르고, 남쪽으로 내달아 국사봉國師峰에 이른다."라고 기록되어 있다.

강원도 양구군 남면 두무리

양구군 남면의 두무리斗武里는 소양강 북쪽 양구군과 인제군의 접경 부근에 위치한 마을이다. 두무리는 대암산 줄기가 광치령을 거쳐 남쪽으로 뻗은 골짜기 아래로 흐르는 두무천의 하천변에 위치해 있으며, 두무천은 소양강으로 흘러든다. 장막골에서 대흥리에 이르는 골짜기에는 두무동 고개가 있다. 두무리를 중심으로 북쪽의 상류 쪽에는 웃두무리, 남쪽의 하류 쪽에는 아랫두무리가 있다. 아랫두무리 앞을 흐르는 두무천에는 두무교가 놓여 있어 이곳에는 '두무'라는 지명

사진 65 남면 두무리의 위성사진

이 집중적으로 분포하고 있다.

두무리는 본래 인제군에 속해 있었으나, 1973년 행정구역 개편에 따라 양구군 남면으로 편입되었다. 두무천을 따라 산재하는 마을에는 약 40여 세대가 거주하고 있다. 주민들은 밭농사를 하거나 주변의 국유림에서 송이버섯과 곰취 등을 채취하며 생계를 유지하고 있다.

조선후기에 제작된 대동여지도에는 이곳의 지명이 '두무'가 아닌 '두모'로 표기되어 있다. 이는 짧은 기간에도 음운변화로 인해 지명이 개명될 수 있음을 보여 주는 사례이다. 즉 오늘날에는 두무동 고개로 표기되고 있지만, 과거에는 두모현으로 표기되었다는 것이다. 모>무의 모음변화뿐만 아니라 한자표기도 豆毛에서 斗武로 바뀌었다. 이러

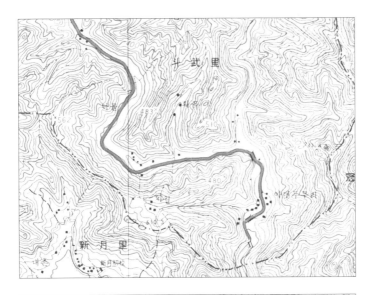

그림 47 남면 두무리의 지형도
상: 1970년, 하: 2012년

한 현상은 두모계 지명의 표기에서 한자가 지닌 의미가 훈訓이 아닌 음音에 있음을 뒷받침하는 것이다. 따라서 두모계 지명에 사용된 한자는 큰 의미를 지니고 있지 않음을 알 수 있다.

두무마을은 두무천을 따라 분포하는데, 대동여지도에서는 대암산을 주봉으로 동쪽의 송치松峙와 서쪽의 사라치沙羅峙로 둘러싸인 분지임을 알 수 있다. 이 마을은 오지인 탓에 두무동 고개에 올라도 보이지 않을 만큼 첩첩산중이다. 마을이 들어설 때 사람들은 두무천을 따라 고샅길마을의 좁은 골목길의 형태로 입식했을 것이라고 생각된다. 임진왜란이나 병자호란 등의 국난을 피할 수 있었던 것도 외부에 노출되지 않는 지형 덕분이었을 것이다. 이 마을은 북서계절풍이 강하게 부는 겨울철에도 온화한 날씨를 보이고 있어 장풍득수의 형국임을 피부로 느낄 수 있다.

기타

경북 포항시 북구 죽장면 두마리

포항시 북구 죽장면의 두마리斗摩里는 베틀봉과 보현산, 애미산 등의 산줄기로 둘러싸여 있는 분지지형으로 현내천이 동쪽 자호천으로 흘러든다. 보현산1,124m과 베틀봉862m의 산줄기가 만들어 낸 고원분지에는 산촌이 형성되어 있으며, 동편 마을 어귀의 협곡에는 두마폭포와 무학대舞鶴臺가 있어 경관이 수려하다.

'두마'라는 지명은 이곳이 높은 지대의 때 묻지 않은 오지이므로, 마고선녀麻姑仙女가 살며 북두칠성이 손에 잡힐 듯하다고 하여 '두마斗摩'라 명명한 것으로 전해지고 있다. 한편으로는 현내리 쪽에서 볼 때 뒷

사진 66 보현산에서 바라본 두마리

산고개 너머에 이 마을이 위치하므로 '뒤미재_{뒷매지}'라고도 불리던 마을이다. 현지 주민들에 의하면 마을의 모양이 말머리와 같은 형상으로 생겼다 하여 '두마'라 이름 붙여졌으며(지승구, 47세), 또 다른 주민에 의하면 마을이 높은 곳에 위치한다 하여 언제부터인지도 모를 아주 오랜 옛날부터 '두마'라 불려 왔다고 한다.

이러한 지명유래와 달리 한때 삼麻의 재배가 많던 곳이며, '두들마을'의 발음이 변천하여 '두둘마' 또는 '두마'라 부르게 되었다는 설도 있다. 1914년에는 죽북면의 현내리 일부를 병합하여 '두마리'라 통칭하였다. 자연부락으로는 영천군 자양면 보현리로 넘어가는 죽현竹峴에 대태라는 작은 마을과 베틀봉 산기슭에 양지마을, 베틀고개 길목에 두들마을邸下, 그 서편에 큰마을, 면봉산 쪽으로 트인 골짜기에 위치한 윗마을上村등이 있다. 이 지역을 일명 이산두매二山杜梅라 칭하였는데, 이는 두 개의 큰 산 사이에 있는 두메산골이라는 뜻이라 한다. '두모'에서 파생된 것으로 추정되는 '두메'는 종종 한자로 '杜梅' 등으로 표기되기도 한다.

이 지역은 예로부터 피란지처避亂之處로 소문난 곳이며, 약 500년 전 밀양 박씨와 영양 천씨, 김해 김씨, 오천 정씨 등이 정착하면서 마을이 크게 번성하였다. 그러나 번성기의 가구 183호 정도에서 현재는 80여 호 정도로 감소하여 죽장초등학교 두마분교가 폐교된 바 있다. 두마 지명으로부터 나온 두마교·두마1교·두마분교·두마교회 등이 지형도에 표기되어 있다. 또한 두마리에는 상촌·평지동·대태·양지동 등의 마을들이 분포하고 있다.

사진 67 죽장면 두마리의 천제단

사진 68 월성 손씨의 효행을 기리는 두마리의 효행비

현존하는 두모계 지명

사진 69 죽장면 두마리의 위성사진

그림 48 죽장면 두마리의 지형도

제II편 국토에 각인된 두모사상

경북 포항시 대보면 강사리 다무포

　포항시 대보면 강사리의 다무포多無浦는 북쪽으로는 대보리, 남쪽으로는 구룡포읍과 경계를 접하고 있고, 서쪽으로는 강지봉수대가 있던 봉오재가 있다. 절골에서 흘러내리는 하천이 구룡포의 석병리와 강사1리, 3리 사이를 갈라놓아서 어촌과 산촌을 가지는 반농반어의 촌락이다. 강사1리에는 다목포多木浦와 강금, 2리에는 새기와 송림촌, 3리에는 명월리와 같은 자연부락이 있다.

　강사리는 장기군의 외북면에 속했는데, 1914년 명월, 강금, 사지, 송림촌을 합하여 강사리라 칭하였으며 창주면에 속했었다. 그 후, 1942년에는 구룡포읍에 속하였다가 1986년 4월 1일 대보면이 탄생하면서 대보면으로 이속移屬하게 되었다. 다목포와 다목계는 송림이 우거진 계곡 어귀에 형성된 마을이라 그렇게 명명된 것으로 전해 내려오지만, 그중 다목포는 '다목'의 d 음과 m 음이 어근인 두모계 지명일 것으로 추정된다. 조선 말엽에 감씨甘氏가 이곳에 정착하면서 외진 곳에 숲만 무성하고 없는 것이 많다는 뜻을 풍자하여 多無浦다무포라고도 칭하였다는 지명유래가 전해 내려오고 있다. 결국 다목>다묵>다무의 변화를 말하는 것인데, 이는 음운변화에 따른 것으로 이해할 수 있다.

　두모계 지명 중 마을 양쪽으로 절벽이 있는 지형에 '다무'와 같은 두모계 지명이 붙는 경우가 있다. 백령도의 두무진과 일본의 이즈모出雲鄕의 경우가 그것이다. 이는 전술한 바와 같이 두모를 절벽 또는 급사면을 낀 지형으로 해석한 것이 옳다는 하나의 증거이다(楠原 등, 1981,

사진 70 포항시 강사리의 다무포

p.48).

　1982년 서편 계곡을 막아 강사지江沙池를 축조하였으며, 지석묘 1기가 마을 인덕에 남아 있는 것으로 보아 선사시대부터 사람들이 거주했을 것으로 생각된다. 원래 주민들은 이 부근에 모여 살았는데, 지금은 3, 4호만 남고 큰길 건너 바닷가로 옮겨 20여 호가 취락을 이루고 있다. 강사저수지가 축조되기 전에는 현재보다 더 넓은 공간이었음은 물론이다. 다목포는 매년 9월 9일에 지씨 터주 신위神位를 모시고 제

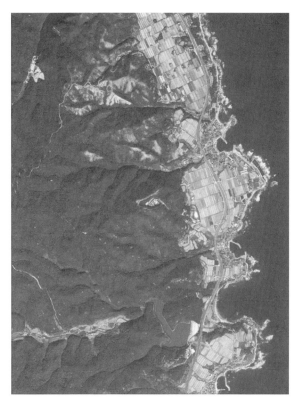

사진 71 강사리 다무포의 위성사진

당에서 제사를 지내며, 강금리는 음력 10월 초순 감씨 터주와 지씨일
명 골목할매 신위에 제사를 올린다.

　다무포 서쪽 골짜기에 위치한 해봉사는 전설에 의하면 신라 선덕
여왕 5년636에 이 지역 수장의 군마사육을 기원하는 사찰로 창건되었
다가 고려 때 폐사되었다고 한다. 그리고 조선 명종대에 상선선사上宣
禪師가 불당 13동의 거대한 사찰로 중건하였다가 철종 말기에 토호의
방화로 7동이 소실되었다는 것이다. 그 후 고종 말년 장기군수의 명

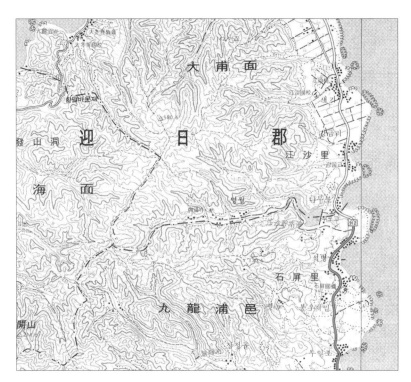

그림 49 강사리 다무포의 지형도

으로 명월암 하나 남기고 철폐되었는데, 1970년에 이것마저 불에 타고 1972년에 다시 건립한 것이 오늘에 이르고 있다. 매월당 김시습이 한때 이 절에 머물렀다는 얘기가 전해지고 있다.

호랑이 꼬리에 해당하여 호미虎尾라 불리는 장기곶으로부터 그 남쪽의 울산광역시에 이르는 해안선은 만입이 복잡한 이른바 지절률肢節率이 매우 높은 지역인 까닭에 곳곳에 어촌이 발달해 있다. 그리하여 이 일대는 예로부터 반농반어촌半農半漁村으로 기후가 온화하여 살기 좋은 곳으로 알려져 왔다. 그 중심에 두모계 지명인 다무포가 존재하고 있는 것이다.

경기도 시흥시 도창동 도두머리

　시흥시 북쪽에 위치한 도두머리는 법정동으로는 도창동에 속하고 행정동으로는 매화동에 속한다. 도두머리는 구릉지를 절개하고 아파트가 건설되면서 최근 지도상에서 사라진 지명이 되었다. 개발사업으로 원래의 지형이 파괴되었으나 마을을 둘러싸고 있는 구릉성 산지와 그 내부의 곡저평야는 여전히 과거의 모습을 유지하고 있다. 봉재산 139.9m을 가운데 두고 동쪽으로는 과림동의 두무저리가 있고, 서쪽으로는 도두머리가 위치해 있다. 봉재산은 남쪽 운흥산204.5m으로 이어지고, 맞은편의 소래산299.4m은 무리재산으로 뻗어 있어 비교적 넓은 방죽들을 감싸고 있다. 새방죽들과 억방죽들이 펼쳐진 들판 일대가 두모식 지형에 가깝다는 전제하에 두모계 지명의 취락이 있었을 것으로 추정된다.

　조선시대의 도창동은 도창리로 인천부의 전반면에 속했었으며, 1914년에 단행된 행정구역 개편에서 도두리와 강창리의 지명을 따서 부천군 소래면에 귀속된 도창리가 되었다. 그 후, 1973년에는 시흥군에 편입되어 오늘에 이르렀다. 1899년에 편찬된 『인천부읍지仁川府邑誌』에는 도두리가 도두머리에 대한 한자식 표기인 듯이 기술해 놓았으나, 주민들은 마을 위로 도로가 관통하여 '도두머리'라 불리게 되었다는 설과 이 일대에 도둑이 많았다 하여 도둑머리＞도두머리로 불렸다는 등의 설을 전하고 있다.

이는 도창동 일대가 행정구역의 변화가 잦았던 탓에 지명유래가 부정확해진 것으로 추정된다. 그러나 1990년대에 제작된 지형도에도 도두머리가 '두머리'로 표기되어 있었던 것으로 미루어 볼 때, 도창리의 '도'가 두머리에 첨가된 것으로 두모계 지명 중 '두머'에 해당한다.

이 마을 일대는 과거부터 풍수상 명당으로 소문이 자자하여 유력 성씨의 묘역으로 이용되어 왔다. 8.15 해방 무렵 도두머리에는 약 50호 가량의 주민들이 거주하고 있었다. 도두머리에 많이 거주했던 성씨는 수원 백씨이나, 가장 먼저 들어온 것은 밀양 박씨이며, 그다음으로 경주 김씨, 수원 백씨가 차례로 들어왔다. 이 마을 주민들에 의하면 도두머리는 예전부터 씨족마을, 즉 집성촌이었던 것으로 전해지고 있다.

두머리가 명당으로 알려지면서 유력 문중의 묘가 들어서기 시작하였는데, 이들 중 권씨 묘역이 대표적이다. 도창동 393-3번지 도두머리 일대에는 조선시대 권대윤, 권중경의 묘와 더불어 문인석과 망주석이 있었다. 『우헌유고愚軒遺稿』를 남긴 권대윤의 묘는 도창동 도두머리 마을 뒷산의 나지막한 언덕에 남향으로 자리 잡고 있었는데, 마을 주민들의 증언에 의하면 이곳을 오랫동안 지켜 오다가 몇 해 전에 이장을 하였다고 한다. 그 이유는 아마도 묘역의 우측에 에이스아파트가 들어서고 나서 두모의 기운풍수상 지기이 약해졌기 때문이라고도 추측해 볼 수 있다.

권씨 문중뿐 아니라 함씨, 박씨 문중 등의 많은 문중들이 아파트 건설로 마을을 떠났다고 한다. 도창동 도두머리에서 매화동으로 넘어가는 도로를 따라가다 보면 가까운 곳에 금강 2차 아파트 단지가 나타

사진 72 도창동 도두머리의 묘역

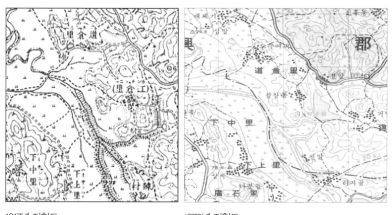

1917년 지형도   1970년 지형도

그림 50 도창동 도두머리의 변화

난다. 경주 이씨 묘역은 그 아파트 건너편의 야산 자락에 위치하고 있
는데, 1506년 중종 때 중종조 정국공신靖國功臣이었던 이극정 묘소가
그 중앙에 서향으로 자리 잡고 있다. 묘역에는 상석, 장명등, 무인석
의 옛 석물이 갖추어져 있다. 위 사진은 금강 2차 아파트 옥상에서 묘

사진 73 현재의 도창동 도두머리 위성사진

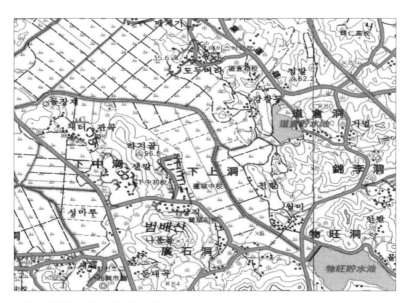

그림 51 현재의 도창동 도두머리 지형도

　　　　　　　　　　　　　　　　　제II편 국토에 각인된 두모사상

역을 촬영한 사진인데, 여러 성씨의 묘가 자리 잡고 있다. 이 지역은 일제강점기와 비교하면 큰 변화가 없으나, 최근 아파트가 건설되면서 옛 모습은 사라져 가고 있다.

경기도 화성시 향남읍 상두리 두머리, 아랫두머리

화성시 향남읍 상두리는 읍 소재지이지만 오늘날에도 농촌마을의 형태를 그대로 간직하고 있는 곳이다. 산으로 둘러싸인 두머리의 마을 앞을 흐르는 관리천이 남쪽으로 흘러 진위천과 합류한다. 상두리上斗里라는 지명은 원래 두머리로 불리던 것이 지금에 이른 것인데, 마을을 감싸는 주봉산의 머리가 용곡에 있는 우물을 마시는 형국으로, 용의 머리 둘을 상징하여 '두머리'라 불리다가 상두리라는 지명으로 바뀌었다는 풍수적 해석이 전래되고 있다.

주봉산은 두머리 북서쪽에 솟아 있는 삼성산을 가리키는 것으로 추정된다. 예전에 마을에는 세 개의 우물이 있었는데, 두 개 우물은 현재 그 터만 남아 있고, 한 개의 우물만이 사계절 마르지 않고 물이 흘러서 주민들이 생활용수로 이용하고 있다. 마을 주민들에 의하면, 이 마을 뒷산 모습이 용의 머리처럼 생겼는데, 그 머리 위에 위치한 마을이라 하여 마을 이름을 '頭里'라 불러야 하지만 '斗里'라 칭했다고 한다. 그리고 두 마을로 나뉘자 상두리와 하두리라 명명하였고, 원래 한자인 '頭'가 머리를 뜻하므로 중복적으로 '두머리'라 부르게 되었다는 것이다. 이와 같은 전설과 주민들의 지명전설은 예부터 전해 내려오는 지명에 끼워 맞추기 위한 견강부회적 해석이다.

아랫두머리 마을에서 인접한 양감면 사창리의 동지골로 넘어가기
위해서는 두머리고개를 넘어야 한다. 두머리에 언제부터 사람들이 입
식하여 거주하기 시작했는지 정확히는 알 수 없으나, 본격적으로 취
락이 형성되기 시작한 것은 광산 김씨의 집성촌이 형성된 조선시대인
1500년경으로, 그때부터 경작지를 만들고 살아 왔던 것으로 전해지
고 있다.

사진 74 화성시 향남읍 상두리 두머리의 위성사진

　　　　　　　　　　　　제II편 국토에 각인된 두모사상

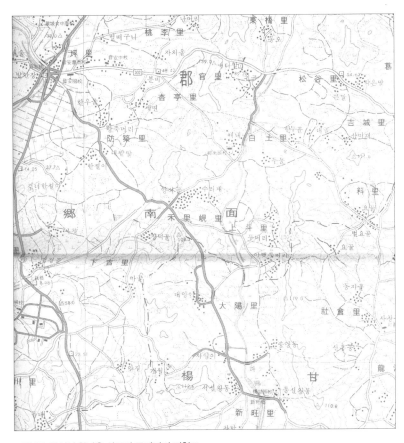

그림 52 화성시 향남읍 상두리 두머리의 지형도

인천광역시 강화군 길상면 온수리 서두머리와 선두리 동두머리

강화도 온수리 서두머리는 길상 면사무소의 서쪽에, 선두리 동두머리는 그 남쪽에 위치해 있다. 이들 마을 서쪽의 덕포리 일대에 있는 들은 간척사업이 시행되기 이전만 하더라도 바닷가였다. 고려시대에는 삼랑성과 전등사가 위치한 정족산의 서쪽으로 만입된 형태의 해안

선이 지나가고 있었다.

이 일대의 마을들은 당시의 지명을 알 수 없지만 '두머' 마을이었을 것으로 추정된다. 그 근거는 선두포를 중심으로 서쪽은 '서두머'였고, 동쪽은 '동두머'였기 때문이다. 오늘날의 정확한 방위로는 북쪽과 남쪽이지만, 당시에는 서쪽과 동쪽으로 인식되었던 모양이다. 오늘날 '동두머리'는 '동들머리'로 바뀌었는데, 이는 행정명칭 '리'가 붙으면서 억양의 차이로 동두머리>동들머리, 또는 동두머리>동틀머리로 변화한 것이다. 이와 같은 이유로 주민에 따라 '동들머리'라 부르는 사람과 '동틀머리'라 부르는 사람들이 있다.

이와는 달리 서두머리는 지명전설로 마을의 뒷산이 마치 쥐머리처럼 생겼으므로 서두현西頭峴으로 알려지게 되었는데 그 의미가 와전된 것으로 보인다. 만약 고개의 형태가 쥐머리 형태였다면 쥐를 뜻하는 서鼠자를 이용하여 '鼠頭'라 표기해야 옳다. 또한 서두머리 마을은 고개에 위치한 것도 아니다.

서두머리와 동두머리 사이에 위치한 전등사는 단군왕검의 세 아들이 쌓았다는 전설을 간직한 삼랑성 내에 아늑히 자리 잡고 있는데, 이 사찰은 고구려 소수림왕 11년381에 아도화상阿度和尙이 처음 창건하고 진종사라 이름 지었다. 그 후, 고려 충렬왕비 정화 공주가 이 절에 귀한 옥등玉燈을 시주했다고 하여 전할 전, 등불 등자를 써서 전등사傳燈寺로 개명하였다.

이 사찰의 입구에 있는 대조루 밑을 지나 들어가면 정면에 보물 제178호로 지정되어 있는 대웅보전이 자리 잡고 있다. 그리고 명부전 맞은편 왼쪽 언덕을 오르면 조선왕실의 실록을 보관했던 정족산 사고

제II편 국토에 각인된 두모사상

사진 75 온수리 서두머리와 선두리 동두머리의 위성사진

史庫터가 복원되어 있다. 강화도 마니산에 사고를 설치하였다가 1660
년 이곳 전등사 경내로 옮겨 1678년 이래 실록 및 서적을 보관하였고,
그 후 정족산 사고가 복원되었다.

길상면 온수리의 삼랑성三郞城은 축성 연대는 정확하지 않으나 단군
의 세 아들이 성을 쌓았다고 전한다. 정족산성이라고도 하는 삼랑성
의 성곽은 보은의 삼년산성이나 경주의 명활산성처럼 삼국시대 석성
石城구조를 보이고 있으며, 고려시대에 보수하였고, 조선시대에도 중
수하였다. 1660년현종 1 마니산의 사고史庫에 보관하고 있던 조선왕조
실록을 삼랑성 안에 있는 정족산 사고로 옮기고, 왕실의 족보를 보관

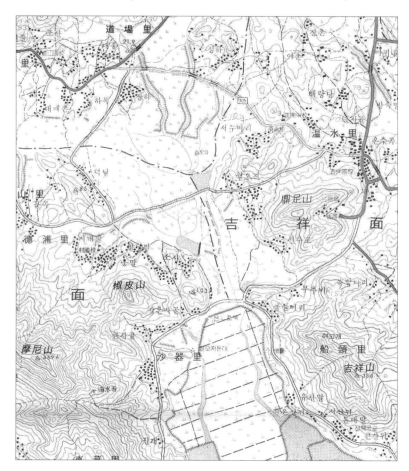

그림 53 온수리 서두머리와 선두리 동두머리의 지형도

하는 선원보각을 함께 지었다. 또한 이곳은 고종 3년1866의 병인양요 때 동문과 남문으로 공격하려던 160명의 프랑스군을 조선군이 물리친 승첩지이다. 동문 안쪽에는 당시 전투에서 승리한 양헌수 장군을 기리는 승전비가 세워져 있다.

　　　　　　　　　　　　　　　　　제II편 국토에 각인된 두모사상

충남 서산시 대산읍 대산리 두머리

서산시 대산읍 대산리의 두머리는 대산읍 북동쪽에 위치하고 있는 작은 마을이다. 대산리는 서산시 대산읍에 속한 10개 법정리 중 하나인데, 일제강점기였던 1914년에 단행된 행정구역 개편으로 산전리와 노상리·노하리의 일부를 병합하여 그 지명을 대산리라 개칭하였다. 그 후, 1991년 대산면이 대산읍으로 승격됨에 따라 대산리는 다시 대산읍에 편입되어 오늘에 이르고 있다. '대산'이라는 지명은 대산리에 우뚝 솟아 있는 망일산에서 연유되었다.

두머마을은 대호방조제가 완공되기 전에는 해안가에 위치했었으나, 현재는 간척사업으로 마을 앞에 농경지가 조성되어 있다. 두머리의 동쪽으로는 1km 정도에 달하는 간척지가 있고, 그 너머에는 과거

사진 76 대산리 두머리의 위성사진

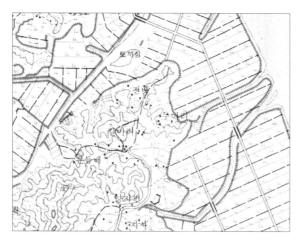

그림 54 대산리 두머리의 지형도
상: 1970년, 하: 2010년

만입된 바다였던 대호지가 있다.

　이 일대에는 두머리를 비롯하여 전배·갈마리·큰듬배·양지편 등의
소규모 마을들이 산재해 있다. 두머마을 뒤쪽에는 해발 37m의 낮은

구릉이 겨울의 차가운 계절풍을 막아 주는 역할을 하고 있다. 이 마을 앞을 흐르는 하천은 없지만, 옆 마을인 전배마을에는 작은 하천이 흐른다. 마을의 이름인 '두머'가 두모계 지명임에는 분명하지만, 지세는 두모식 지형과 다소 차이가 있다.

소멸되거나 변형된 두모계 지명

두모

서울시 옥수동의 두모포

서울시 성동구 옥수동의 옛 지명이 두모포豆毛浦인 까닭은 이곳이 동쪽에서 흘러오는 한강과 북쪽에서 흘러 내려오는 중랑천이 합류하는 지점이므로 '두뭇개' 혹은 '두물개'라 부르면서 한자음으로 두모주豆毛洲와 두모포라 부른 것으로 전해 내려오고 있다. 조선 중기 1751년 영조 27의 『도성삼군문분계총록都城三軍門分界總錄』에 의하면 이곳의 행정구역은 5부 중 남부에 속한 두모방豆毛坊 신촌리계新村里契였다. 일제강점기였던 1911년에는 경성부 두모면 두모리라 하였고, 1914년에 경기도 고양군 한지면 두모리豆毛里라 변경되었다. 그러나 1936년 재차 경성부에 편입되면서 옥수정玉水町으로, 1946년 성동구 옥수동으로 변경되었다. 오늘날에는 옥수동 앞을 지나는 도로를 '두무개길'이라 하

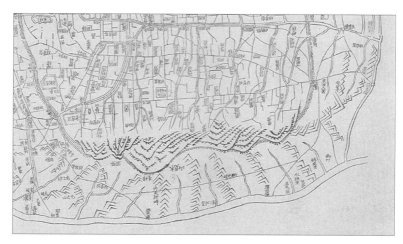

그림 55 수선전도에 나타난 두모포

는데, 100년이 지나지도 않아서 '두모'가 '두무'로 바뀐 셈이다.

옥수동의 지명 변천 중 '두모'의 어원을 두뭇개에서 찾는 것은 추정일 뿐이다. 두 개의 하천이 합류하는 지점의 지명은 '양수리兩水里'라 부르는 것이 더 일반적이다. 또한 옥수동과 두 하천이 합류하는 지점 간에는 고지도에서 확인할 수 있는 것처럼 거리가 있다. 그러므로 두모의 두뭇개 유래설은 신빙성이 희박하다고 할 수 있다.

조선시대의 두모포는 북쪽에 목멱산 자락이 솟아 있고 좌우로는 산줄기로 막혀 있었으며 맑은 실개천이 흘러 한강으로 유입되었다. 두모포 앞을 흐르는 한강은 호수처럼 유속이 느려 포구의 입지로 적당한 조건을 갖추고 있었다. 그뿐만 아니라 마을의 입지로서도 도성과 가까워 최적의 조건이었다.

『세종실록』에 의하면, 세종 원년1419 5월 쓰시마對馬島 섬을 정벌하기 위해 수군水軍을 파견할 때, 왕이 직접 두모포 백사장까지 나와 잔치를 베풀고 전송하였다는 기록이 있다. 두모포는 매봉산을 주산으로 하는 배산임수의 지형을 갖추고 있을 뿐만 아니라 경치가 수려하여 귀족들의 유원지가 되기도 하였다.

두모포는 농산물과 목재 등의 각종 산물이 드나드는 나루터로서 경상도와 강원도로부터 남한강을 경유하여 서울로 들어가는 세곡선稅穀船이 집결했던 포구였다. 정조 13년1789에 조사한 『호구총수戶口總數』에 따르면, 당시 두모포의 인구는 약 4000여 명이었다. 당시 전국 고을의 읍내인구가 2,000~2,500명이었던 것을 감안하면 대단히 많은 인구가 이곳에 거주하였음을 알 수 있다.

두모포와 관련이 있는 역사적 인물을 살펴보면 예종의 아들 제안대군1466~1525은 유하정을, 연산군은 황화정을 지어 연회를 즐겼으며, 중종 때의 문신 김안로1481~1537는 보락당이라는 호화스런 저택을 지어 세인들의 빈축을 사기도 하였다고 한다. 그리고 조정에서 학자들을 뽑아 일정 기간 동안 학문에 정진하게 했던 독서당이 1426년세종 8에 건축되었다.

두모포 동쪽 종남산현재의 달맞이봉 아래에는 서울 인근에서 가장 오래된 승방僧房이 있었다. 이것이 미타사彌陀寺인데, 서울의 3대 비구니 사찰 중 하나이다. 이 사찰은 원래 9세기 신라 선덕여왕 때 달맞이봉 동쪽에 창건되었으나 1394년 무학대사가 현재의 위치로 이전하였다. 신라와 고려시대에는 이 일대에 소규모의 암자들이 입지했었으며, 달맞이봉이 100여 명의 과부가 나타날 형국이라는 풍수지리설에 따라 조선 중기에 여러 암자들을 합쳐 비구니 사찰인 미타사를 만들었다는 설화가 전해 내려오고 있다.

사진 77 옥수동 두모포의 위성사진

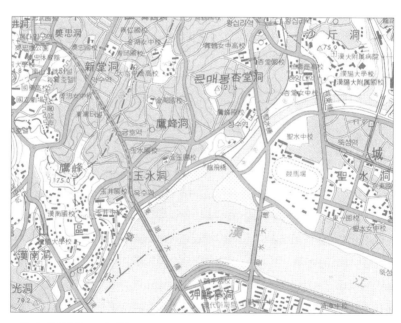

그림 56 옥수동 두모포의 지형도

부산시 동구 수정동 두모포

부산시 수정동에 위치했던 두모포豆毛浦는 부산의 도시성장에서 중심적 역할을 했던 조선시대의 초량왜관에서 비롯되었다. 지금의 동구 수정동에 해당하는 두모포에 왜관倭館이 설치되었으나, 1678년숙종 4에 현재 용두산 일대의 중구 초량동으로 이전하여 한일교류의 거점이 되었다. 그 후 부산항이 개항되면서 초량왜관은 일본인의 전관거류지가 되었다. 1880년 일본 대리공사 하나부사花房義質가 조선 조정에 개항장 내의 일본인의 자유무역을 위한 압력을 가하여 일본인들이 대거 거주하기 시작하였다(落合, 2004).

두모포라는 지명은 언제 명명되었는지 알 수 없으나, 조선시대를 거쳐 구한말까지 이 지명으로 불렸다. 수정산을 등에 지고 입지한 두모포는 왜관이 있었던 까닭에 고관古館이라고 불리기도 했다. 부산에 왜관이 설치된 것은 1407년태종 7으로 그 후 여러 차례 존폐를 거듭하다가 1607년에 두모포에 왜관을 설치한 것이었다. 1678년에 초량으로 왜관이 이전하면서 이곳을 앞서 말했듯 고관 또는 구관舊館이라 불렀고, 두모포는 일제강점기 이후 행정구역 개편으로 수정동이라는 지명으로 바뀌게 되었다. 두모포가 있던 수정동 일대는 오늘날에도 부산의 중심지로 기능하고 있다.

초량은 북쪽으로는 보수산과 복병산이 구릉성 산지를 이루고, 동쪽으로는 영주천, 서쪽으로는 보수천이 흘러 배산임해背山臨海의 지형적 조건을 갖추고 있다. 1740년에 간행된 『동래부지東萊府誌』에는 "엄광산은 동래부 남쪽 30리에 있으며 아래에 두모진이 있다."라고 기록되어

사진 78 수정동 두모포 소재지의 위성사진

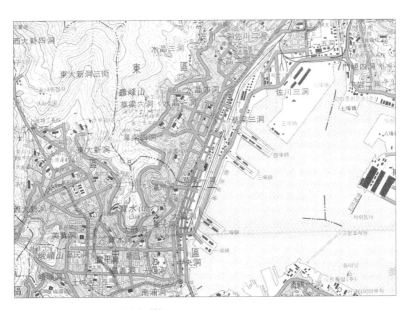

그림 57 수정동 두모포 소재지의 지형도

있다. 엄광산은 북쪽으로 백양산과 마주하며, 남쪽으로는 구덕산과 이어지고, 한때 고원견산高遠見山으로 불렸었다. 옛 자료에는 두모포에 대한 기록이 없어 언제부터 이 지명으로 불렸는지 불분명하다(한국지명학회, 2007). 그러나 두모포와 동래가 부산 도시발전의 진원지 중 하나였음은 분명하다.

부산시 기장군 기장읍 죽성리 두모포(두호마을)

부산광역시 북동쪽 기장군 기장읍 죽성리에 위치한 두모포豆毛浦는 죽성천신천천 북쪽의 모산 줄기와 남쪽의 봉태산 줄기가 감싸 안은 지형으로, 그 하천은 죽성만으로 흘러든다. 죽성천은 양달산 동쪽 산록에 있는 연곡저수지 일대에서 발원하여 북쪽으로 흐르다가, 기장읍에서 만화천과 서부천에 합류한 후 동쪽으로 흘러 동해의 두모포로 유입된다. 죽성천이라는 지명은 왜성인 죽성竹城에서 비롯되었는데, 성의 사방에 대나무가 많이 자생한다는 『기장현읍지機張縣邑誌』의 기록으로 보아 그것에서 유래된 것으로 생각된다.

기장군 일광면에 있는 두호마을은 예전에 두모포가 자리 잡고 있던 곳이다. 규장각의 1872 군현지도를 보면 두호마을이 위치한 곳에 두모포가 있었던 것을 확인할 수 있다. 두모포영營은 경상좌수영 관하에 7진鎭 중의 하나로 원래 기장에 있었다. 그러나 1629년인조 7 부산포로 이전하였다가 다시 1680년숙종 6에 구왜관이 있던 현 수영동으로 옮김으로써 '두모포'로 불리게 되었다. 그럼에도 불구하고 기장군의 두모포는 그대로 그 지명이 존속되었다. 이와 같이 지명은 변화하기

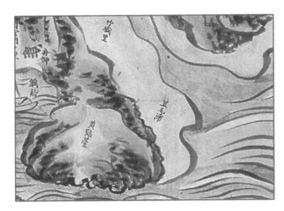

그림 58 1872 군현지도상의 기장군 두모포

도 하지만, 생명력을 가지고 지속되는 경우도 허다하다.

두호마을과 원죽마을을 포함한 이곳은 두모포 진성인 석축성이 있고, 임진왜란 때 축성된 왜성이 있으며 윤선도가 7년 동안이나 유배생활을 했던 곳이기도 하다. 대동여지도 등의 고지도에는 두모포가 현재의 두호가 아닌 원죽으로 표기되어 있다. 얼마 전까지만 해도 조용하고 한적한 어촌이었지만, 요즈음은 이곳의 아름다운 경치를 즐기려는 사람들로 제법 붐비는 곳이 되었다.

죽성리 두호마을에는 죽성리 해송과 죽성리 왜성 외에도 황학대黃鶴臺라는 명소가 있다. 이곳은 두호마을에서 황색 바위가 길게 바다에 돌출된 곳을 지칭한다. 황학대라는 이름도 이곳 지형이 마치 누런 학이 나래를 펼친 모습을 하고 있는 것 같다고 해서 붙인 것이라고 전해 내려온다.

두모포는 윤선도가 7년간의 긴 유배생활을 한 곳으로 유명하다. 정철, 박인로와 함께 조선시대 가사문학歌辭文學의 최고봉을 이룬 윤선도는 1616년광해군 8 전횡을 일삼던 영의정을 탄핵하는 상소문을 올린 것이 화가 되어 함경도 경원으로 유배되었다가, 1618년 기장으로 이배移配되었다. 윤선도는 유배생활 중 백사장 건너 수십 그루의 오래된 소나무가 있는 이곳을 '황학대'라 이름 짓고 매일 찾았다고 한다. 당시 이곳에는 초가 몇 채만이 있었고, 죽성천의 맑은 강물이 바다와 만나는 곳에는 아름다운 백사장이 있었다.

조선 헌종 때에 지은 것으로 추정되는 작자 미상의 '차성가車城歌'에는 경남 차성車城. 지금의 부산 기장군 기장읍의 경치가 묘사되어 있는데, "두호에 닻을 놓고 왜선창에 줄을 맨다. 황학대 어디메뇨? 백운이 우유하다."라고 하여, 이곳이 예전부터 경치가 뛰어났음을 짐작할 수 있다.

두모포의 봉태산 자락에는 왜성인 죽성이 자리하고 있다. 죽성은 임진왜란 초기인 1593년선조 26 조선·명 연합군의 공격으로 서울에서 후퇴한 왜군이 울산 서생포에서 동래·김해·거제에 이르는 해안선에 장기전 태세를 갖추기 위하여 쌓은 것으로, 왜장 구로다 나가마사黑田長政가 축성하였다. 정유재란 때에는 왜장 가토 기요마사加藤清正의 군대가 주둔하기도 하였는데, 일본 문헌에는 기장성機張城으로 표기되어 있으나, 『조선왕조실록』이나 『증보문헌비고』 등에는 모두 두모포 왜성으로 기록되어 있다. 현재 성문과 해자垓字 등의 시설이 남아 있다.

성은 해변의 높이 50m의 산봉우리에 위치하며, 이곳은 동쪽으로 죽성만의 선창을 끼고 있어 많은 선박을 수용할 수 있는 요충지이다. 산봉우리를 평평하게 하여 정사각형의 아성을 쌓고, 그 둘레에 한층 낮게 사각형 외곽을 둘러싼 전형적인 일본식 성곽이다. 성문은 선창

사진 79 기장읍 죽성리의 두모포

을 향하여 동쪽으로 설치되었으며, 서남쪽의 외곽성벽 밖으로 너비 약 10m의 깊은 해자를 파고 거기서 나온 흙을 바깥쪽으로 쌓아 올려 이중 방위선을 구축하였다. 성벽은 화강암을 재료로 5~6m의 높이로 비스듬히 쌓아 올렸으며, 이곳에서 북쪽으로 골짜기를 건너 높다란 언덕 위에 작은 성을 또 두었다. 이 작은 성은 사방 36m의 정사각형으로, 남쪽의 본성을 향하여 성문을 두고 북쪽의 두 귀퉁이에 성벽을 높게 돌출시켜서 전투하기에 편리하도록 축조되어 있다. 서남쪽의 성벽 밖으로 깊은 해자를 두른 것도 본성과 같다. 현재 성의 대부분이 원형을 유지하고 있어서 우리나라에 남은 일본식 축성법의 표본으로 삼을 수 있는 성곽이다.

왜성에서 해안 쪽을 내려다보면, 기장 죽성리 해송 6그루가 모여서 마치 한 그루의 큰 나무처럼 보인다. 수령 약 250~300년으로 추정되

사진 80 죽성리 두모포(두호마을)의 위성사진

그림 59 죽성리 두모포(두호마을)의 지형도

는 해송곰솔 종류로서 좀처럼 보기 드문 빼어난 자태를 가지고 있으
며, 황학대로 불리는 죽성항 배후 언덕 위에 위치하고 있어 조망이 매

제II편 국토에 각인된 두모사상

우 뛰어나다. 그 모양이 아름답고 웅장하여 보는 이로 하여금 탄성을
자아내게 하는 경승지이다.

강원도 고성군 죽왕면 두모산

고성군 죽왕면 오봉리의 왕곡마을은 다섯 개의 봉우리로 구성된 오
봉산五峰山으로 둘러싸여 있어 1916년 행정구역 통폐합을 하면서 오봉
리가 되었다. 오봉산은 오음산五音山을 비롯해 두백산두배산, 제공산밭
도산. 순방산, 골모산골무산, 호근산갯가산을 포함해 모두 다섯 개의 봉우리
로 이루어져 있다. 산세로 보아 오봉산 중 오음산이나 두백산이 주봉
일 것으로 짐작된다. 여기서 저자는 호근산의 지명이 두모산으로 불
리기도 한다는 사실에 주목하였는데(강원도민일보. 2009), 그보다는 지세
상 북쪽의 오음산이 두모산이었을 가능성이 더 높다. 옛날에는 다섯
봉우리에 지명이 없었을 것이므로 다섯 개의 봉우리를 합쳐 두모산이
라 불렀을 것이다. 왜냐하면 전통적으로 대부분의 국토가 산악지대인
탓에 우리 선조들은 산에 대하여 일일이 지명을 부여하지 않는 관습
이 있었기 때문이다. 그런 까닭에 우리나라 산에는 지명이 없거나 별
의미가 없는 '응(매)봉산鷹峰山'이라 불리는 산이 가장 많다. 이는 어의
語義상 '산산산'이란 뜻이다. 호근산湖近山은 가까운 곳에 송지호가 있
어 붙여진 지명일 것이다. 분지형태의 배산임수 지형은 현재 왕곡마
을로 불리는 이 마을의 지명이 두모계 지명이었을 것으로 추정되는
강력한 단서를 제공해 준다.

풍수지리상 병화불입지兵火不入地로 알려진 해발 285m의 오음산은

설악산의 지맥 중 하나로 옛날 그 아래에 선유담仙遊潭이 있었는데, 신선이 산에 올라 주변에 있는 장현리, 왕곡리, 적동리, 서성리, 탑동리 등의 다섯 마을에서 들려오는 닭소리와 개 짖는 소리까지 들으며 오음五音을 즐겼다는 것에서 붙여졌다고 한다. 심한 가뭄이 계속될 경우 오음산 산정에서 개를 제물로 기우제祈雨祭를 지내면 비가 내렸다는 전설도 전해지고 있으며, 1530년 편찬된 『신증동국여지승람』에는 가물 때 오음산 정상의 연못에서 기우제를 지내면 비가 왔다고 기록되어 있다.

왕곡마을이 풍수지리상 병화불입지로 알려진 까닭은 방주형方舟形 형국에 있다. 오음산에서 마을을 관통하며 흐르는 왕곡천 좌우에서 왕곡마을을 바라보면 유선형流線型의 배가 동해바다와 송지호를 거쳐 마을로 들어오는 형국이기 때문이다. 풍수적으로 방주형 형국일 경우 물위를 떠다니는 배와 같으므로 마을에 우물을 파지 못하였다. 평안남도 평양 역시 풍수상 방주형 형국이므로 우물 파는 것이 금기시되어 왔다. 그러므로 물과 관련이 깊은 이 마을에는 불이 들어올 리가 없다고 해석한 것이다. 실제로 왕곡마을은 해안도로와 인접해 있음에도 불구하고 잘 은폐되어 있어, 수백 년간에 걸친 외세의 침략과 6.25 전쟁과 같은 난리에도 무사할 수 있었으며 최근 발생한 대형 산불에도 화를 피할 수 있었다.

왕곡마을은 14세기경에 형성된 것으로 전해지고 있으나, 부근에 신석기시대 유물이 발견된 것으로 보아 불확실하지만 더 오래되었을 것으로 추정되기도 한다. 고려 말부터 전해져 내려오는 전설에 의하면 조선 건국에 반대한 72현 중 양근 함씨함부열과 그의 손자 함영근가 두문동

사진 81 오음산 자락에 입지한 왕곡마을

사진 82 두백산에서 바라본 왕곡마을

으로부터 간성에 낙향하여 은거하였고, 그 후 강릉 최씨가 이 마을에 정착하면서 북방식 전통가옥이 형성되었다고 한다. 그들이 먼저 은거했던 두문동이 두모계 지명이었던 것처럼 호근산의 옛 지명이 두모계 지명이었다는 사실은 어쩌면 당연이 관련성이 있을 것이다.

오봉산의 품속에 자리한 왕곡마을은 국가중요민속자료 제235호로 지정되어 있는데, 고풍스러운 북방식 전통 기와집과 초가집이 들어차 있다. 가옥구조는 대부분 'ㄱ'자형의 남향으로 겨울의 세찬 북풍을 피하면서 외양간과 부엌의 공간이 공존하는 전통을 유지하고 있다. 골목길을 따라 울 안으로 둘러진 가지런한 토담과 초가집이 정겹고 고풍스러운 운치를 더한다.

마을 안에는 효자각이 두 군데 있다. 함희석 효자각咸熙錫 孝子閣은 조선 헌종 때인 1895년 겨울 부친이 병환으로 눕게 되자 어린 함희석이 엄동설한에 얼음을 깨고 잉어를 잡아다가 약으로 봉양하고, 16세에 마을에 화재가 발생하여 부친이 큰 화상을 입어 움직일 수 없게 되자 지성으로 간병하였고, 3년 시묘侍墓를 하는 등의 효행이 조정에 알려져 그의 효행을 기리기 위해 건립된 것이다. 또 함씨 4세 5효자각咸氏 4世 5孝子閣은 4대, 5효자의 효행을 기리기 위해 비각을 세운 것이다. 매년 여름과 가을 이곳에서 전통민속 체험행사가 열려 많은 탐방객들이 찾아오는 유서 깊은 전통과 천혜의 자연이 함께 살아 숨 쉬는 곳이기도 하다.

두백산의 오름길이 끝나는 곳에는 지금은 사용되지 않는 방송국 무인중계소 시설과 울타리가 산정을 차지하고 있고, 현무암 성분의 독특한 바위가 너덜이 마을로 흘러내리고 있다. 산정의 동쪽으로는 에

사진 83 죽왕면 오봉리의 위성사진

그림 60 죽왕면 오봉리 두모산의 지형도

메랄드빛 동해바다, 공현진과 가진으로 이어지는 해안단애 절경이 파노라마처럼 펼쳐져 있고, 남쪽으로 동해안 청정석호 송지호와 왕곡마을, 서쪽으로는 대꼬깔봉죽변산과 백두대간이 마주하며, 북쪽으로 봉래 양사언 선생의 친필우암 송시열 선생의 친필이라고도 함이 석벽에 지금까지 남아 있는 선유담이 자리하고 있다.

경기도 파주시 파평면 두포리 두모산

파주시 파평면은 본래 파주군 관할로 파평현에서 유래되었으며, 파평현은 파평산495.9m에서 따온 지명이다. 이 지역은 편평한 언덕이 많은 지세이므로 그와 같은 지명이 생긴 것으로 추정된다. 그중 두포리斗浦里는 임진강 남쪽에 위치해 있는데, 1914년 행정구역 통폐합에 따라 두문리와 장포리, 신사리, 마사리의 각 일부 지역을 병합하여 두문

사진 84 파주시 두포리 두모산

사진 85 두포리 두모산의 위성사진

과 장포의 한 글자씩을 따서 두포리로 정해졌다. 두포리 동쪽의 파평
산 줄기가 서쪽으로 휘감고 돌아 솟구친 산이 두모산斗毛山인데, 지도
상에는 나와 있지 않다.

　두모산은 예로부터 풍수상 주산主山에서 낙맥하여 내려오는 내룡內
龍의 변화와 비룡입수飛龍入首하여 돌혈을 결작하는 형국의 명당으로
손꼽히는 곳이다. 풍수지리에서는 산줄기를 용에 비유하여 산줄기가
그치거나 일어나는 곳을 높이 평가한다. 두모산 북쪽의 노리천이 개
석마을과 파평마을을 지나 임진강에 합류하며, 그 남쪽에는 두포천이
장담말을 지나 임진강으로 흘러든다.

　이곳에는 공조참의를 지낸 율곡의 6대조 이양1367~1447의 묘가 있다.
이율곡의 묘가 있는 자운서원은 두모산 남쪽 5km 사방산에 있으므

그림 61 두포리 두모산의 지형도

로 가시거리에 있는 것이다. 지관들은 이양의 묘가 명당인 까닭에 80
년 후에 발복하여 이율곡과 같은 위인이 나온 것으로 믿고 있다. 오늘
날 두포리는 과거의 지명이 '두문'이었다는 점과 마을의 진산이 '두모'
라는 점에서 볼 때 두모였을 것으로 짐작된다. 배산임수·좌청룡 우
백호의 지세를 갖춘 이곳을 지관들이 명당으로 인식하는 것은 당연한
것이다.

제II편 국토에 각인된 두모사상

기타

인천광역시 강화군 하점면의 동음

강화도 하점면은 1914년 행정구역 통폐합 시에 하음과 간점의 한 글자씩을 따서 '하점'으로 바뀌었는데 본래 고구려에서는 동음나현冬 音奈縣이었다가 신라 경덕왕 때 호음沍陰으로 개명되었다. 이는『삼국 사기』권37에 "陰竹縣本高句麗奴音竹縣, 冬音奈縣一云休陰"라는 기록 에 근거한 것이다. 고려 초에는 하음현이라 개명하였고, 뒤에 개성현 으로부터 강화부로 관할이 바뀌면서 하음과 간점이 통폐합되어 하점 면으로 정해진 것이다.

1232년원종 11 고려 조정은 몽골군의 침입을 피하여 황급히 강화천 도를 단행하였다. 많은 인구가 강화도에 몰리게 되면서 강화도의 식 량 사정은 매우 곤란해졌다. 이에 따라 조정은 식량자급을 위한 비상 대책을 강구하지 않으면 안 되었다. 몽골군의 침략이 장기화됨에 따 라 조정은 부분적 개간보다 체계적인 대규모 개간계획을 수립하지 않 을 수 없게 되었다. 1256년고종 43에는 피폐해진 농촌을 부흥시키고 감 소된 조세를 회복하기 위하여 둔전屯田을 만들도록 하였다(최영준, 1997). 고려 공민왕대에 망월포에 이른바 만리장성 둑을 축조하기 전까지 하 점면의 구하리·망월리·이강리 일대에는 바닷물이 들어왔었다.

하점면의 지명유래는 망월포에 제방이 축조되기 전, 즉 바닷물이 들어차 있던 고구려 하음현 시기로 돌아가야 알 수 있다.『고려사』권56 의 "河陰縣本高句麗冬音奈顯……"에서 하음의 고구려 지명이 '동음冬

사진 86 강화군 하점면의 시루메산과 부근리

邑'이라 하였는데, 이것 역시 전술한 제주도의 경우와 마찬가지로 '도 무'로 음독되므로 두모계 지명임이 확실하다. 여기서 알 수 있는 것은 '동음'의 한자 차자가 '東邑'이 아닌 '冬邑'이라는 점이다. 이는 '東'과 '冬'이 모두 동일한 음音이므로 한자의 훈訓과 관계없이 차자된 것이 다. 그러므로 하점면은 과거 두모계 지명이었음을 알 수 있다. 이와는 달리 冬邑奈를 su-ri-ma로 음독하여 '쇠가 나는 땅'이라 해석하는 경 우도 있으나, 본서에서는 '두모'로 풀이하고 싶다(최남희, 2004, p.181).

　오늘날에는 망월벌판을 중심으로 북쪽으로는 별립산과 봉천산하음 산, 남쪽으로는 고려산 줄기가 둘러싸고 있고 삼거천과 내가천이 바 다로 유입되고 있다. 그러나 강화도를 둘러싸고 백제와 고구려가 첨 예하게 대립하고 있던 시대에는 섬 내륙으로 깊숙이 만입된 해안가였 다. 고려산과 혈구산 사이에는 지금도 두모천이 흘러 고려저수지로

　　　　　　　　　　　　　　　　제II편 국토에 각인된 두모사상

사진 87 강화군 하점면의 위성사진

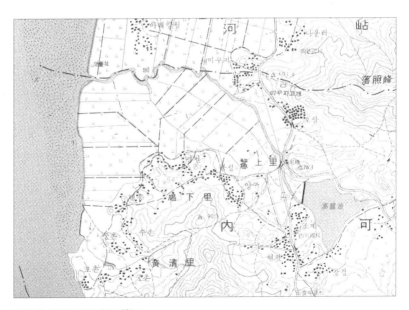

그림 62 강화군 하점면의 지형도

유입된다. 두모계 지명인 '두모천'은 곧 지형도에서 사라질 것 같다. 오랜 세월이 흘렀으니 '두모'의 의미가 잊혀지는 것은 어쩌면 당연한 일일지도 모른다.

하점면 삼거리 유적 등에서 신석기시대의 빗살무늬토기가 다량 출토된 것으로 보아 이 일대의 해안가에는 신석기시대에도 사람이 살았던 것으로 여겨진다. 강화도에서는 특히 청동기시대의 유적과 유물을 쉽게 볼 수 있는데, 가장 대표적인 것이 고인돌이다. 100여 기 이상의 고인돌이 강화도에서 확인되고 있는데, 북방식 고인돌과 남방식 고인돌이 혼재하는 것이 큰 특징이다. 부근리 고인돌군을 비롯하여 점골 지석묘, 교산리 고인돌군, 하정 고인돌, 삼거리 고인돌 등이 과거 해안가였던 곳에 분포하고 있다.

조선 말엽까지 취락은 신라시대 하음산으로도 불렸던 봉천산 기슭의 각골·잔골 일대와 하점·새말, 고려산 자락의 샘골·샘말·소죽양 등지에 분포하였다. 간척지인 망월벌판은 현재에도 농경지로 이용되고 있다.

충남 부여군 임천면 두곡리

부여군 임천면 두곡리에는 대흥산에서 발원하는 작은 하천의 물을 저장하는 두곡저수지가 있다. 이 저수지의 물은 사동천과 함께 몽성골과 간대들 일대의 논에 농업용수를 공급하고 있다. 산으로 둘러친 두곡리는 두곡1리~두곡3리로 나뉘어 있는데, 이들 중 두곡1리와 두곡2리는 평지인 탓에 대부분 논농사를 짓고 있는 반면에 두곡3리는 구릉지를 이루고 있어 밭농사를 주로 한다.

이곳은 백제시대에는 가림군加林郡, 신라시대에는 가림군嘉林郡, 고려시대에는 임천군에 속하였다. 조선시대에는 임천군 두모곡豆毛谷이라 불렸으나, 1914년 행정구역 개편 때에 나산리, 사동리, 북동리, 남성리의 각 일부를 병합하여 '두곡리'라 정하고 부여군 임천면에 편입되었다. 자연마을로는 두곡, 거먹개, 못재마을 등이 있다. 두곡마을은 서울시 옥수동 두모포의 사례에서 보는 것처럼 두 물이 합류한다고 하여 두므골 또는 두모골이라 불리다가 변형되어 붙여진 이름인 것으로 전해지고 있다. 즉 두곡리의 지명은 드뭇골이라 불리다가 '드골'로 바뀌어 오늘의 두곡으로 변하였으므로, 드뭇골>드골>두골>

사진 88 임천면 두곡리의 위성사진

그림 63 임천면 두곡리의 지형도

두곡의 과정을 거친 것이라는 구전이다(조남주, 82세). 이것은 이미 설명한 것처럼 강화도 화도면의 드릇개의 경우와 마찬가지로 움라우트 현상에 의한 것이다(김윤학, 1996, p.187).

거먹개마을은 두곡 동쪽 금강가에 있는 마을이라 하여 이름 붙여지게 되었으며, 못재마을은 전에 못이 있었다는 의미에서 불려진 이름이다. 임천면 두곡리는 충남 예산군 신암면을 비롯하여 경북 청도군 매전면, 경남 의령군 지정면, 경남 하동군 우천면 등의 두곡리와 마찬가지로 배산임수의 형태를 띤 두모계 지명임이 분명하다.

두곡리는 풍양 조씨의 집성촌으로 번창하기 시작하였다. 풍양 조씨는 고려조에 여러 차례 공을 세워 개국벽상공신開國壁上功臣이었던 조

　　　　　　　　　　　　　제II편 국토에 각인된 두모사상

맹趙孟을 시조로 하는 성씨이며, 이들은 조선시대에도 문벌 명문가로 행세하였다. 풍양 조씨는 사실 부여에 먼저 정착한 것이 아니었다. 여러 파로 분파되었는데, 그중 논산을 근거지로 하는 회양공파 후손들이 부여군 임천면으로 옮겨와 터를 잡고 살면서 이곳에도 동족촌이 형성된 것이다(조남주, 82세). 그들이 임천면으로 이주한 이유는 농사에 적합한 자연환경과 따뜻한 날씨에 있었다. 그 후, 이 집성촌은 여러 차례에 걸친 전란을 겪으며 조씨들이 마을을 떠나고 외지인들이 이주해 들어오면서 붕괴되었다.

경북 봉화군 소천면 두음리

봉화군 소천면은 봉화와 울진의 경계를 흐르는 낙동강이 완만한 속도로 흘러 지나가는 곳이다. 봉화군 소천면 두음리斗音里에는 하천의 상류에 있는 '듬골'을 비롯하여 율리, 도시천, 넉거리 등이 있고, 골짜기 입구의 두음교 다리 북쪽에 군매리가 있다. 군매리는 마을이 움푹 들어간 자리에 위치해 있다 하여 지어진 지명이다. 봉화군의 춘양면과 소천면은 춘양목으로 널리 알려진 적송의 원산지이다. 이곳에서 나는 붉은 몸체의 소나무는 최고의 건축자재로 각광을 받아 예로부터 궁궐이나 사찰 또는 관청은 물론 대가 집의 드높은 용마루를 떠받치는 기둥감으로 애용되었다. 장군봉 골짜기에 흐르는 덕신천은 흘러 들어가 낙동강에 합류한다. 또한 두음리는 군데군데 메밀을 심어서 가꾸며, 인삼밭과 사과농원도 있다. 워낙 오염이 되지 않은 곳이라 일부러 이사해 살고 있는 집들도 있지만, 살기가 팍팍해 떠난 집들도 상

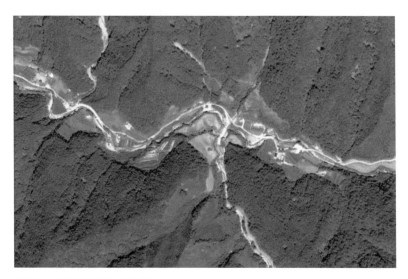

사진 89 소천면 두음리의 위성사진

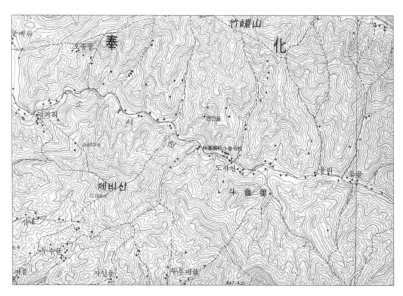

그림 64 소천면 두음리의 지형도

제II편 국토에 각인된 두모사상

당수에 달한다.

두음리 지명은 듬골과 관련이 있을 것으로 생각된다. 듬골은 춘양목 원산지 중 하나이며, 태백산 자맥에서 서쪽으로 뻗친 죽미산907m과 장군봉1420m 사이에 갇혀 있다. 골의 모양새가 사람의 갈비뼈를 닮았다고 해서 등골이라 불리는 것으로 전해 내려온다. 그러나 이 해석은 유사한 발음을 근거로 유추해 낸 지명전설로 견강부회의 결과일 뿐이다. '두음'은 이미 설명한 것처럼 두모계 지명이며, '듬' 역시 '두음'과 동일하다.

마을 원주민들은 모두 타 지역으로 이주하였고 4대째 살고 있는 한 가족(남중학, 54세)만이 그나마 맥을 잇고 있다. 원주민 대신 안식교인들이 몰려들어 두음교회 근처에 터를 잡고 산다. 두음교를 지나 골짜기로 접어들면 마을이 나타나는데, 골짜기에 들어서면 마을을 가로질러 덕산천과 합류하여 낙동강에 흘러드는 도시천 물소리가 세차게 들려온다. 인가人家는 눈에 띄지 않으며, 주변은 온통 잘생긴 춘양목이 가득하고 길섶에는 당귀밭이 곳곳에 분포하고 있다. 계곡 깊숙한 산굽이 너머에는 폐교된 두음분교가 방치되어 있다. 50여 가구가 모여 살던 20년 전만 해도 원주민들은 고추와 당귀, 배추농사로 생계를 이어갔다. 마을 끝에는 너른 배추밭이 있는데, 수확철에 가면 주민들은 배추를 손보는 일손이 분주해진다. 주변 경관이 뛰어난 마을 계곡은 신선들이 놀았다고 하여 무릉도원武陵桃源의 '도桃'자를 따 '도시내'라고도 불리고 있다.

소천면의 두음과 같이 변형된 두모계 지명은 충북 중원군 노은면 신효리의 두음평斗音坪을 비롯하여 충북 단양군 두음리斗音里와 경북 안동군 길안면 백자리의 두음산斗音山이 있다. 이들뿐만 아니라 충북 음성군 음성읍 동음리冬音里, 경북 영주군 이산면 신암리 두암촌斗岩村, 경북 예천군 호명면 담암리淡岩里 등도 모두 두모계 지명에 속하는 것들이다. 동冬·동東·담擔·탐耽 등을 동음冬音과 동음東音, 두음斗音으로 연철하여 표기된 것을 백제의 담로계 지명으로 간주하는 경향도 있다 (김성호·김상한, 2008, p.147). 이들 지명은 어느 계열에 속하든 모두 두모계 지명에 포함되는 것들이다.

경북 영주시 이산면 신암리 두암촌

행정구역상 두암촌이 위치하고 있는 경상북도 영주시는 백두대간의 중간에 위치하여 옛 전통이 다른 어느 지역보다도 더욱 잘 보존되어 있는 곳이다. 이 마을은 해발 200m를 약간 상회하는 옥녀봉 산줄기를 등지고 있으며, 낙동강의 지류인 내성천과 그 지류가 전면에 흐르는 배산임수의 지형에 입지해 있다. 선비의 고장으로 잘 알려진 만큼 고택, 사원 등의 문화유산이 많이 존재하며 다른 곳에 비해 개발이 덜 되어서 농촌의 면모가 많이 남아 있다. 이 마을 사람들은 현재 이 마을의 지명을 두암촌과 우금촌을 섞어서 사용하고 있다. 최근 간행된 지형도에는 신암리 우금으로 기재되어 있다. 두모계 지명이 두암으로 변하더니 우금으로 바뀌는 것으로 보아 머지않아 두모계 지명과 전혀 상관없는 지명으로 바뀔 것 같다. 이와 동일한 사례는 전북 고창군 공음면 두암리의 두암 마을에서도 찾아볼 수 있다.

두암촌은 선성 김씨 두암공이 살았다는 데서 연유하여 이곳의 지명

사진 90 신암리 두암촌의 두암고택

을 두암斗巖 또는 말암으로 사용하였다는 설도 있고, 지역 주민의 말에 따르면 말 두斗, 바위 암巖을 써서 말 바위에서 나온 말이라는 설도 있다. 실제 이곳에는 원래 말 모양의 바위가 존재했었다고 하는데, 지금은 농토를 돋우면서 말 바위가 땅속에 묻히고 그 모습이 남아 있지 않다고 한다. 그러나 이것은 한자의 말 마馬와 용량을 나타내는 말 두斗를 혼동한 소치로 모두 전설적 허구일 뿐이며, 두모에서 유래한 지명이라 간주된다.

우금촌 두암고택은 20여 호 민가가 산재한 우금마을 중간에 위치하고 있다. 가옥은 매우 넓은 방형대지에 토석담장으로 둘러 일곽 전면에 솟을삼문을 두었다. 이 솟을삼문을 지나 넓은 바깥마당을 두고, ㅁ자형 정침을 중심에 두고, 우측으로 사당을 좌측으로 함집당이 자리 잡고 있다.

사진 91 신암리 두암촌의 위성사진

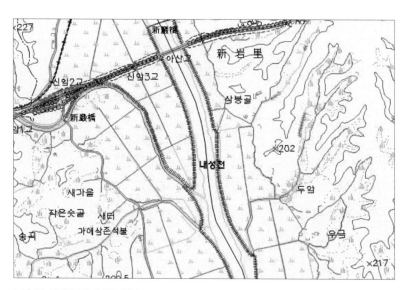

그림 65 신암리 두암촌의 지형도

정침은 두암 김우익(1571~1640)이 20세인 선조 23년(1590)에 분가하면서 건립하였고, 함집당은 진사 김종호가 건립하였다. 정침은 정면 7칸, 측면 6칸 반 규모이며, 평면구성은 안마당 뒤쪽에 3칸 대청을 중심으로 좌측에 온돌방 칸반, 우측에 화장실 반 칸, 온돌방 칸반이 놓여 있다. 우측 온돌방 앞으로는 부엌 2통칸, 온돌방 1칸을 배치하고, 중문 우측으로는 마구 1칸, 온돌방 1칸에 연이어 마루방 1칸을 두었는데, 마루방은 우측으로 돌출되어 있다. 좌측 온돌방 앞에는 중문 1칸, 고방 1칸, 온돌방 2통칸이 우익사를 구성하고 있으며, 중문 우측으로는 사랑방 2통칸에 좌측으로 돌출된 마루방 1칸을 배치하였다. 기단은 큼직한 호박돌을 3~4단 쌓았고, 그 위에 자연석 초석을 놓아 네모기둥을 세웠다.

한국인의 두모사상

　광활한 만주 일대와 한반도에서 민족을 형성하기 시작한 우리 민족은 오랜 기간에 걸쳐 주어진 자연환경에 적응하는 방법을 익혀 왔다. 그것은 주로 지형과 기후에 적응하는 것이었다. 지형과 기후의 지역적 차이는 인간의 행위와 정신적 활동에 영향을 미쳤을 것이다. 특히 문명의 이기가 발달하지 못했던 과거에는 자연환경을 극복하기가 오늘날보다 더 어려웠다고 보는 것이 자연스럽다. 인간의 정신은 종종 숭고한 것으로 간주되거나 신격화되기도 하지만 자연환경에 지배를 받는 것으로 인식된다. 따라서 양호한 자연환경과 열악한 환경에서 생활해 온 인간의 문화적 성격은 각각 상이할 것으로 짐작된다.

　인간은 주어진 자연환경을 슬기롭게 극복하는 자세로 적응하는 시도를 지속해 왔을 것이다. 동물과 식물, 부여된 환경에 적응하며 진화해 왔다. 인간이 동식물보다 더 빠르게 자연환경에 적응하거나 극복하는 지혜를 보였음은 물론이다. 인간의 정신이나 행동과 환경 간의 문제에 관해서는 헌팅턴Huntington 1945을 비롯한 여러 학자들에 의해 논의되어 왔다(鈴木, 1990, pp.120-124). 적당한 자연환경하에서 인간은 정신적·육체적 활동에너지를 가장 능률적으로 발휘할 수 있다. 문명이 중위도에서 만들어진 것도 그 이유일 것이다.

지구는 자연환경에 기초하여 인류거주가능지역Ökumene과 인류거주불가능지역Anökumene으로 대별된다. 인류거주가능지역이라 할지라도 인간이 삶을 영위하는 데에는 지역적으로 천차만별이다. 간신히 생활을 유지할 수 있는 사막이나 툰드라와 같은 열악한 땅이 있는가 하면, 환경을 극복하는 데 시간과 노력을 많이 할애하지 않고 비교적 윤택하게 삶을 영위할 수 있는 양호한 땅도 있다. 한민족의 생활터전이 되었던 지역은 전자에 속한 땅은 아니었지만 그래도 환경을 극복하기 위한 노력이 필요한 환경이었다. 겨울철의 시베리아 고기압은 오늘날과 마찬가지로 차가운 북서계절풍을 만들어 사람들을 괴롭혔을 것이다. 또한 빙하기의 추위에 밀려 북쪽 시베리아에서 남하한 구석기인들은 따뜻한 남쪽 땅을 갈구하였을 것이다. 구석기시대라는 장구한 기간은 자연과 인간이 변화하기에 충분한 시간이었다. 인류가 4000~5000년 전경에 북쪽으로부터 위도가 낮은 한반도 쪽으로 유입되기 시작했다는 사실은 고기후古氣候의 변동과 그 관련하에서 한민족 형성의 계기를 마련해 준 셈이었다.

신생대 제4기 이후의 후빙기 중에서, 지금으로부터 약 6000년 전의 기후는 현재보다 약 2~3℃ 정도 높았다. 이 시대를 기후최적기 또는 후빙기 고온기高溫期라 부른다. 그러나 지금으로부터 약 5000년경부터 최난기最暖期는 끝나고 다시 한랭한 기후로 바뀌었으며, 기원을 전후하여 오히려 기온의 최저기가 도래하였다. 이와 같은 후빙기의 기후변화는 유럽뿐만 아니라 아시아의 여러 지역에서도 인정된다는 사실이 밝혀진 바 있다.

위에서 설명한 고기후학적 현상에서 대체로 다음과 같은 유추가 가능하다. 즉 아시아 대륙의 동북방에 거주하던 비교적 고도의 문화수준을 지닌 종족이 점차 한랭해지는 기후를 피하여 만주와 한반도 부근으로 서서히 이동했을 것이라는 점이다. 당시 북방족은 이미 한반도에 거주하고 있던 기존 주민들을 몰아내거나 동화시켜 오늘날 한민족의 기원을 이루었으리라는 추측이 가능하다. 한민족의 체질 속에는 북방계의 고古아시아적 요소와 퉁구스적 요소가 혼재해 있으며, 여기에 남방계의 요소가 결합되어 있다.

고아시아족의 유전인자 중에는 서양인종적 요소가 섞여 있을지도 모른다. 왜냐하면 B.C. 1200~B.C. 700년에 형성된 카라스크 문화 속에는 안드로노보계의 백인문화가 혼합되었을 가능성이 높기 때문이다. 카라스크인은 알타이 산맥 일대에서 북상한 퉁구스족으로서 후에 우리나라로 들어온 청동기인들의 모체가 된 집단이다. 그 이후 발생한 타가르·스키타이·오르도스 청동기문화가 우리의 고대민족인 예맥족이 형성한 문화이다. 이로써 우리 민족은 문화적 복합체를 형성한 것이다.

여기서 우리가 주목할 것은 그들이 따뜻한 '남쪽 땅'을 찾아와 한반도 일대에 정착했다는 점이다. 문화를 삶의 총체적 양식이라고 정의할 때, '따뜻한 남쪽 땅'이라는 이러한 원형적 사고관념原型的 思考觀念은 이후 우리 민족의 모든 문화영역에 지대한 영향을 미치게 되었다. 그

사진 92 퉁구스족의 터전이었던 알타이 산맥 위성사진

리고 그들은 자연을 투쟁해야 할 대상으로 삼지도 않았으며, 그와 반대로 자연에 굴복하여 문명 이전의 야만상태로 복귀해 버린 것도 아니었다.

고구려와 발해가 멸망하면서 우리 민족의 활동무대는 한반도로 국한되고 말았다. 한반도는 스위스에 버금가는 산악국으로 산지가 국토 면적의 7할 이상을 차지한다. 그러나 산지가 스위스처럼 높고 험준한 편이 아니며, 일부 지역을 제외하면 대부분은 저산성 산지를 이룬다. 한반도의 척추에 해당하는 백두대간은 동해안을 따라 동쪽으로 치우쳐 있어서 동쪽 사면은 좁고 급하나, 서쪽 사면은 비교적 넓고 완만한 지형을 이룬다. 한반도의 주요 산줄기들은 지질구조선을 따라 형성된 것으로 알려져 있다. 방향이 서로 다른 지질구조선에 의해 형성된 산

줄기의 교차성 지형은 곳곳에 둥근 형태의 두모식 지형을 만들어 놓았다.

두모식 지형은 바꾸어 말하면 지형지명地形地名이라고 할 수 있다. 사람에게 누구나 고유한 관상觀相과 수상手相이 있는 것처럼 지명에도 '지명상地名相'이라는 것이 있다(山口. 16-22). 관상과 수상이 막연하나마 그 사람의 풍모를 담고 있듯이 지명상은 지명의 풍모를 내포하고 있다. 또한 지명은 환경을 반영하는 것이므로, 지명상은 그 시대의 시대상을 나타내고 있다.

수많은 지명 중 지형을 나타내는 지명은 의외로 많고, 그들 대부분은 지역적 특성이 담긴 지형고어地形古語를 한자로 표기한 경우이다. 이와 같이 시대를 설명하는 지명에 시대상이 있다면, 지역을 설명하는 지명에는 지역상이 있다. 이 시대상과 지역상은 궁극적으로 하나의 실체가 되어 양면성을 지니므로 지명 연구 접근법의 중심적 키워드가 된다. 즉 지명 연구는 시간적 측면과 장소적 측면을 고려해야 한다는 것이다.

전라북도 정읍시와 순창군, 임실군에 경계를 이루고 있는 회문산回文山의 경우는 해발 830m에 달하는 비교적 높은 산인데, 소백산맥 자락에 분지를 이루고, 회문봉, 장군봉, 깃대봉의 세 봉우리로 이루어지며 동서로 8km, 남북으로 5km에 걸쳐 있다. 예로부터 영산으로 이름난 회문산은 홍문대사가 이곳에서 도통하여 명당책자를 만들면서 우리나라 5대 명당으로 알려지게 되었다. 조선시대 천주교의 선각자 김대건 신부가 처형을 당할 때 3족이 화를 면하기 위하여 동생 김란식과 조카 김현채가 영산인 회문산으로 찾아들어 죽음을 피했던 곳이

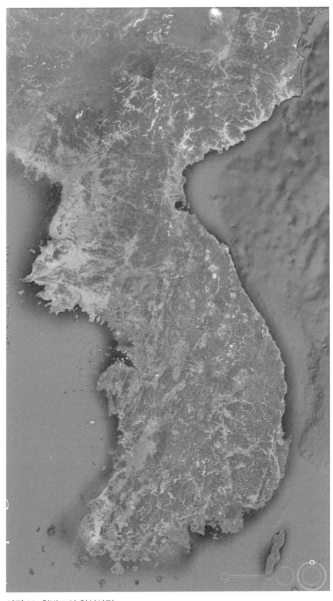

사진 93 한반도의 위성사진

며, 지금도 그들의 묘소가 회문산에 현존하고 있다. 또한 조선시대 말기 동학혁명이 일어났을 때, 동학군은 이 산을 거점으로 투쟁을 하였으며 일제강점기 정읍의 최익현, 임실의 임병찬이 회문산을 거점으로 항일구국운동을 벌였던 곳이기도 하다. 회문산이 이렇게 투쟁과 피난의 거점이 된 것은 동서남북으로 펼쳐진 주요 능선을 따라 골짜기로 이르는 곳이라는 외부에서 잘 침입할 수 없는 지형적인 특성 때문이며, 골짜기 상부에 빨치산의 전북도당 본부가 위치하고 있었던 것도 같은 이유이다. 이 일대에 두모계 지명이 집중적으로 분포하고 있는데, 임실군 덕치면 일중리의 두무동을 비롯하여 운암면 지천리의 도마테 및 도마재, 정읍시 산내면 두월리 등이 그것이다.

두모식 지형은 대체로 주산이 되는 주봉主峰을 중심으로 좌청룡과 우백호에 해당하는 산줄기가 둘러쳐 있는 지세가 대부분이다. 그 산과 산줄기의 고도는 취락의 규모에 따라 상이함을 알 수 있다. 즉 취락의 규모가 큰 경우 해발고도는 500~600m이거나 700~800m에 달하지만, 이와는 달리 규모가 작은 촌락인 경우의 해발고도는 구릉성 산지에 해당하는 50~100m이거나 높다 하더라도 100~200m에 불과하다. 과거 취락 주변의 산은 장풍득수를 위한 것뿐만 아니라 땔감과 조상의 묘지 터를 확보하기 위해 필수적 존재였다. 특히 우리나라의 음택풍수는 도를 넘을 정도로 지나친 면이 있다. 조선 말기 명당으로 소문이 난 곳은 사굴私掘이 횡행하여 산송山訟이 극심하였고, 특히 파평 윤씨와 청송 심씨 간에 벌어진 산송은 유명한 이야기이다. 그리고 취락규모에 따라 인구규모가 좌우되므로 땔감과 묘지 터의 확보를 위해 소요되는 산지 면적도 그것에 비례하였다.

이와 같은 지형적 조건은 한민족 특유의 풍토론風土論을 형성하기에 이르렀다. 일반적으로 풍토론에서는 인간의 문화·사회·경제 등의 각종 현상을 자연환경적 요소인 풍토와 결부시킨 해석을 도모한다. 왜냐하면 인류는 지금까지 주어진 기후환경과 지형환경에 적응하면서 생활하는 한편, 또 다른 기후 및 지형환경에 대해서는 자신을 변화시키며 대응해 나아가는 능력과 지혜를 터득했기 때문이다.

인간이 자신에게 부여된 기후환경이나 지형환경과 같은 자연환경에 적응해 가는 과정을 저자는 이미 앞에서 기후순화氣候順化 또는 지형순화地形順化라 규정한 바 있다. 바꾸어 말하면, 인간은 풍토에 적응하거나 상호작용하면서 생활을 영위해 왔다는 것이다. 만약 한민족과 일본이 서로 국토를 바꾸어 산다면 어떤 일이 벌어질지 상상해 보라. 두 민족은 각기 익숙하지 못한 풍토에 적응하느라 불편함이 이만저만이 아닐 것이다. 위도와 기후대가 우리와 전혀 다른 아프리카의 마사이족과 서로 국토를 바꾸어 살게 되었다고 상상해 보면 더 이해가 빠를 것이다.

일본고대사에서 기원을 전후한 조몬 시대繩文時代로부터 야요이 시대弥生時代에 이르는 시기에 한반도로부터 오키 제도隱崎諸島를 거쳐 일본 열도로 건너간 도래인渡來人들이 현재의 시마네 현島根縣의 이즈모出雲에 정착하였을 때, 그들은 한반도에서 생활하던 지형과 유사한 지역을 선택했다(金達壽, 1990, pp.88-106). 일본 열도에서 해안선의 만입이 복잡한 지형은 태평양 쪽이 아닌 동해 쪽에 있다. 그러므로 한반도 남부로부터 일본 열도로 건너갈 때 해류를 감안하지 않더라도 이즈모가 정착지가 될 확률이 높다. 본서의 서두에서 설명한 것처럼 당시 이즈모의 지형은 강화도 하점면과 유사하였기 때문에 바닷물이 만입된 요곡부에 주민들이 거주했었다. 이곳이 한반도 도래인의 도착지이며 주거지였다는 사실은 이즈모 일대에 분포하고 있는 조선식 유물·유적들이 증거가 된다. 그 대표적인 유물이 동탁銅鐸이다. 동탁은 청동기 시대부터 사용되기 시작한 방울소리를 내는 의기儀器를 말한다.

고대의 도래인은 일본 민족의 조상이었다는 점, 일본의 고대사회를 형성한 것은 주로 도래인들에 의한 것이었다는 점, 이들 두 가지 사실이 일본학계에서도 인정되고 있다. 일본 고대사에서 그들의 중요성은 매우 컸지만, 일본학풍의 편협한 태도와 국수주의에 바탕을 둔 독선적 역사관으로 인하여 정당한 사료비판을 거치지 않았다(關晃, 1990, p.1). 그럼에도 불구하고 고대 도래인의 존재가 중요시되는 이유는 그들이 일본 열도에 전파한 각종 기술과 지식이 당시 일본의 사회발전과 문화창달에 결정적 역할을 하였기 때문이다.

또 하나의 이유는 도래인의 규모에 있다. 당시 어느 정도의 도래인들이 한반도로부터 일본 열도로 건너갔는지 정확히 알 수 있는 방법은 없다. 일본의 헤이안 시대平安時代 초기에 편찬된 『신찬성씨록新撰姓氏錄』에는 당시 일본 중앙정부의 지배층을 이루던 가문의 리스트가 수록되어 있는데, 총 1,059개 가문 중 도래인 계통의 가문은 324개로 전체의 약 30%에 가까운 비중을 차지하였음을 알 수 있다(關晃, 1990, pp.3-4). 이러한 도래인의 비중은 지방 농민층의 그것에 비하면 매우 높은 편이다. 이들은 일본으로 건너가 지배층을 이루었으므로 마을과 도시를 건설할 수 있는 위치에 있었을 것이다. 그러므로 이들을 일본에 두모사상을 퍼뜨린 장본인으로 간주할 수 있다.

형상적으로 청동제 방울이라 부를 수 있는 동탁 유물의 조선적 성격과 그것이 일본 열도로 건너간 시기가 야요이 시대 전기보다 빨랐다는 점(김석형, 1988, pp.106-113)을 고려했을 때 고대 한국인들이 일본 열도에 대대적으로 이주한 시기는 B.C. 3~2세기에 해당한다. 그들은 한반도 남해안에서 출발하여 쓰시마 섬對馬島을 거쳐 규슈 지방으로 건너간 것이 아니라 주로 동해안 또는 동남해안에서 울릉도와 일본의 오키 제도를 거쳐 시마네 현 이즈모에 이르는 항로를 통해 건너갔다(전영률, 2006, pp.4-5). 그들은 일찍이 벼농사를 행하였는데, 그 뒤를 이어 이즈시족白石族과 천손족天孫族이 일본 열도로 건너갔다. 천손족은 이즈시족을 이용하여 그들보다 먼저 일본 열도로 건너간 이즈모족出雲族을 제압한 것이다(金達壽, 1990, pp.98-99).

이와 같은 사실은 두모사상이 일본 열도로 확산된 시기가 매우 빨랐을 개연성을 시사하는 것이다. 사람의 이동은 단순한 인간의 움직임만을 뜻하는 것이 아니라 그가 지닌 사상과 문화 등의 이동을 포함하고 있는 경우가 대부분이다. 오늘날의 이즈모는 하점면과 마찬가지로 간척사업으로 인해 해안선이 후퇴하였다. 본서에서는 앞서 이즈모가 두모계 지명임을 밝힌 바 있다.

동탁 유물의 분포로 본 것과 같이 고대 한국인들의 일본 이주는 지속적인 것이었다. 가야인들에 이어 하남 위례성이 475년 고구려군에 함락되고, 부여의 부소산성이 나당연합군에 의해 함락되어 백제가 멸망한 660년에 망국의 한을 품은 백제인들이 파상적으로 일본 열도로 향하였다. 오사카 만大阪灣의 가와치河內에 도착한 그들은 나라 분지에 뿌리를 내렸다. 그때 그들은 두모식 지형을 선택하였다. 나라 지방의

사진 94 일본 시마네 현 이즈모出雲의 위성사진

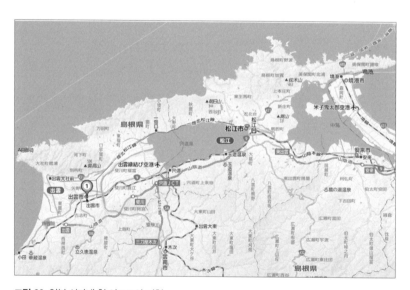

그림 66 일본 시마네 현 이즈모의 지형

제II편 국토에 각인된 두모사상

분지형 지형은 경기도 하남시 춘궁동의 그것과 규모의 차이만 있을 뿐 매우 흡사하다. 나라 현은 기이 반도紀伊半島 중앙에 자리 잡고 있는데, 현의 남부와 북동부는 산악지대이지만 북서부는 저지대인 나라 분지로 이루어져 있다. 서쪽에 있는 이코마 산지生駒山地와 곤고도지 산金剛童子山에 의해 고대에도 오사카와 경계를 이루는 이 분지에는 인구가 밀집되어 있고 주요 거점들과 교통로들이 모여 있다.

히노쿠마檜隈를 중심 근거지로 뿌리를 내린 백제계 도래인이었던 아야씨족漢氏族의 번영은 거대한 것이었다. 그리고 그 위에 백제의 목씨木氏를 조상으로 하던 소가씨蘇我氏가 지배하는 집단이 있었다. 이 지역이 아스카飛鳥라 불리는 곳인데, 이 일대에서 정치의 실권은 소가蘇我馬子의 손 안에 있었다. 당시 천황가天皇家는 소가蘇我를 일컫는 것이었다(金達壽, 1990, p.164). 지금도 나라현 아스카무라香日村에 소가씨의 분묘로 추정되는 이시부타이石舞臺 고분이 그곳에 남아 있다.

이몽일(1991, pp.270-272)은 시대에 따른 지리정보의 증대에 따라 공간적으로 풍수사상이 확산되었음을 지적한 바 있다. 즉 고려시대까지만 하더라도 한국의 풍수사상에서는 대체로 한반도 내의 지역풍수에 국한하여 풍수이론을 적용시켰으나, 조선 중기에 들어오면서 중국과 일본에 대한 지리적 지식이 확보되어 동북아 용맥龍脈의 조종론祖宗論이 대두되었다는 것이다. 여기서 한발 더 나아가 오늘날에는 청룡·백호·현무·주작으로 구성된 사신사四神砂의 개념을 세계로 확대하여 한반도를 세계의 명당으로 보기도 한다. 이러한 해석은 풍수사상과 두모사상을 혼동하거나 습합習合된 것으로 인식하는 것에서 비롯된 것이다. 이미 본서에서 설명한 것처럼 두모사상은 동아시아 또는 동

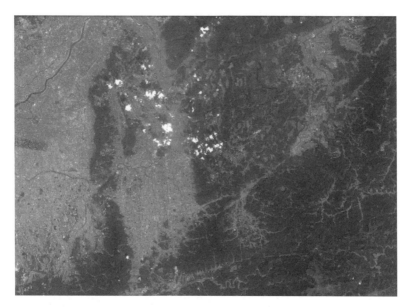

사진 95 일본 나라 현 나라 분지의 위성사진

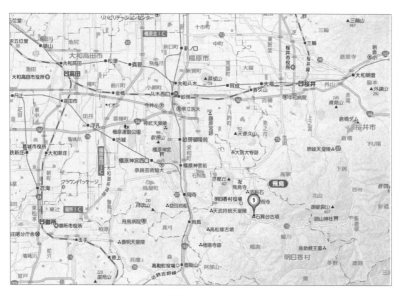

그림 67 일본 나라 현 나라 분지 남쪽의 지형도

이족東夷族에게 뿌리를 내려온 공통된 사상이었다.

동아시아에 광역적으로 분포하고 있는 두모계 지명은 우리에게 무엇을 시사하고 있는가. 이것의 의미를 알아내기 위해서는 '두모'라는 지명에 주목해야 한다. 수천 년 이어 내려온 '두모'는 발음과 의미가 퇴색하였으므로, 저자는 그 어원語源과 의미를 파악하기 위하여 한국어와 일본어의 기초어휘에 해당하는 어근語根, 즉 원시기본어 가운데 '두'에 해당하는 d 또는 t 음계와 '모'에 해당하는 m 음계에 초점을 맞추어 고찰해 보았다. 그 결과, 알타이어 계통의 언어 모두 d(t) 음계의 형용사는 불이나 태양과 관련된 '따뜻하다'는 의미이며, 명사의 경우는 토지·산·취락 등과 관련된 땅의 의미임을 확인할 수 있었다. 그리고 m 음계의 경우는 형용사 및 명사가 모두 물과 관련된 것들이 대부분이었다.

이상에서 열거한 d(t) 음계와 m 음계를 합성해 보면, 들·취락·산 또는 따뜻함·태양이라는 의미와 물이라는 의미의 합성어가 되므로 '두모'의 개략적 의미가 어느 정도는 유추될 수 있다. 즉 사방이 산으로 둘러쳐 있어 차가운 북서계절풍을 막아 주고 생활용수와 농업용수를 공급해 주는 하천이 굽이쳐 흐르는 따뜻한 공간, 그곳에 자리 잡은 취락의 이미지가 떠오를 것이다. 그러나 하천변이나 해안가에 위치한 두모계 지명의 경우는 삼면이 산으로 둘러쳐 있으나 한쪽 면이 개방된 사례가 대부분이다. 이런 경우의 취락은 주변에 단애斷崖가 있는데, 이는 해일이나 조수간만의 차이를 염두에 둔 취락입지라 볼 수 있다. 일본의 이케다池田는 일본 출운향出雲鄕의 지형으로부터 유추하여 두모를 단端 또는 엄면嚴面으로 풀이해서 절벽에 면해 있는 두모식 지

사진 96 해안가의 두모식 지형의 사례

형으로 해석한 바 있다(楠原 등, 1981).

우리 민족은 상기한 지세를 갖춘 두모식 지형을 발견하면 예외 없이 취락을 이루었다. 삶의 적지適地를 찾은 선조들은 그 땅에 감사하고 신성시하였다. 이러한 사실은 두모계 지명이 '신성한 토지'를 의미하며 둥글다는 형태어에서 비롯되었다는 어원적 해석과 맥을 같이 하는 것이다. 그러므로 우리 민족이 산으로 둘러치고 물이 흐르는 토지를 신성시하였던 것은 어찌 보면 당연한 귀결이었는지도 모르겠다.

오랜 시간이 경과되고 공간적으로 확산되면서 '두모'는 음운상의 변화를 거쳐 왔다. 그리하여 우리의 삶의 터전은 두모·두무·두머·도무·도마·도모 등으로 표현되었고, 한자로 표기될 때에도 斗毛·豆毛·頭毛와 都麻·刀馬·都馬, 頭茂·杜舞·斗武 등과 같이 발음에 기초하여 차자되었다. 또한 고대와 중세에는 이두식으로 표기되기도 하였다. 다양하게 변형된 두모 지명 중 가장 많은 것은 동막東幕으로 38.4%인데, 이는 동막이라 하여 모두 두모계 지명으로 간주될 수 없기 때문에 논외로 생각해야 한다. 그 다음으로 많은 것은 도마14.6%, 두무11.3%, 두모8.2% 등의 순이었다. 두머의 경우는 '머'에 해당하는 한자가 없음에도 불구하고 '某'자를 쓰고 '머'라 읽는 경우가 세 군데 있었다. 그렇다고 하여 잘못된 것은 아니다. 왜냐하면 현재의 한자 음독이 과거의 그것과는 달랐기 때문이다. 이와 같은 두모계 지명의 변화는 취음取音과 취형取形의 과정에서 변화한 것들이라 할 수 있다.

두모계 지명이 많은 것은 이들 지명이 원래 취락명칭이었으나 주변의 고개·하천·산 등으로 파생되었기 때문이다. 이들 중 고지도에 표기된 지명은 '두모'가 가장 많았으나, 표기에 따른 지역적 차이점이나 지형적 차이는 없는 것으로 판명되었다. 따라서 두모계 지명은 단순한 음운변화에 따른 차이만 존재한다고 볼 수 있다. 이와 같은 두모계 지명의 통계는 남한에 국한하여 집계한 것이므로 일반화하기에는 한계가 있다. 또한 북한의 지형도가 일제강점기에 제작된 것이며 근래에 출간된 지형도가 러시아에서 제작한 것을 토대로 하였기 때문에 지명주기에 문제가 있으므로 정확한 분석이 불가능하다.

이들 두모계 지명은 우리 민족에게 단순한 의미의 지명place name이 아니라 취락입지의 기본이 되는 지명geographical name으로 인식되었다. 오늘날 현대인들에게는 두모계 지명이 단순한 지명 중 하나로 인식되겠지만, 이것은 우리 민족과 삶을 함께 해 온 특별한 지명으로 인식되어야 할 것이다.

우리의 북방계 고대민족인 예맥족은 유목 퉁구스의 전통이 강하게

표 5 두모계 지명의 통계

No.	지명	개수	%	한자 표기	한글
1	동막	160	38.4	東幕	0
2	도마	61	14.6	刀馬 刀磨 道馬 道麻 挑馬 渡馬 都馬	4
3	두무	47	11.3	斗母 斗武 斗舞 斗茂 杜舞 杜武 頭茂	8
4	두모	34	8.2	斗母 斗毛 杜母 豆毛 斗母 頭毛 頭母	0
5	두만	27	6.5	斗滿 豆滿	0
6	두문	27	6.5	斗文 杜門 頭文	1
7	두미	7	1.7	斗尾 豆美 頭尾	2
8	도문	10	2.4	道文 道門	1
9	두마	8	1.9	斗麻 頭馬	0
10	두머	5	1.2	某	2
11	기타	31	7.4	道武 刀母 多武 刀萬 都彌 頭音	33
합계		417	100.0		51

남아 있을 무렵에 몽골고원이나 북만주에서 불어오는 황사와 차가운 강풍을 극복하고 건조한 자연환경에 적응해야만 생존할 수 있었다. 대륙성 기후를 보이는 만주와 한반도는 겨울철의 날씨가 몹시 춥고, 한반도의 강수량은 결코 많은 편이 아니다. 비가 내린다고 하더라도 장마철에 편중되어 있기 때문에 물의 확보가 주민생활의 관건이 되었다. 그러므로 한민족의 생활터전을 선정할 경우에 그들의 키워드는 배산임수와 좌청룡 우백호의 분지지형, 즉 두모식 지형이었다. 취락의 터를 결정할 경우에 두모식 지형을 고르는 전통은 우리 민족에게 대대손손 이어져 내려 왔고, 뇌리에 박혀 거의 본능화되었다. 이와 같은 우리 민족의 터잡기 노하우는 작은 마을을 만들 때뿐만 아니라 도시와 도읍지를 건설할 경우에도 적용되었다. 우리에게 있어서 이 노하우는 하나의 사상으로 뿌리내린 것이다. 이와 같은 증거는 두모계

표 6 두모계 취락의 8개 방위

방위	동	동남	남	남서	서	북서	북	북동	계
개수	34	34	60	19	36	14	13	10	220
%	15.5	15.5	27.3	8.6	16.4	6.4	5.9	4.4	100.0
%		66.9				33.1			100.0

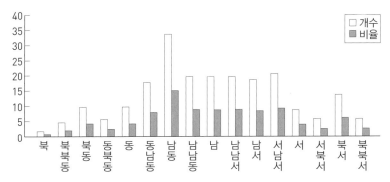

그림 68 두모계 취락의 16개 방위

지명의 취락 방위에서 잘 나타난다.

표 7은 남한에 분포하는 두모계 지명을 가진 220개 취락의 방위를 16개 방향으로 구분하여 나타낸 것이다. 이것에 의하면, 취락의 방위가 남동쪽인 경우가 34개소15.5%로 가장 많고, 그다음이 서남서쪽 21개소10.0%이며, 남남동·남쪽·남남서쪽이 모두 20개소9.1%이다. 이와는 달리 북쪽이 2개소0.9%로 가장 적고, 그다음이 북북동쪽 5개소2.3%이며, 동북동쪽·서북서·북북서쪽이 모두 6개소2.7%의 순으로 적게 나타났다. 이것을 다시 8개 방위로 요약하여 살펴보면표 6, 남쪽 방향이 60개27.3%로 가장 많고, 그다음이 서쪽 36개소16.4%, 동·동남쪽이 모두 34개15.5%, 남서쪽 19개소8.6%의 순이었다. 이것으로 볼 때, 우리

나라 두모계 지명을 가진 취락들은 약 7할 정도가 남쪽과 동쪽을 향하여 배치되어 있음을 알 수 있다. 이는 추운 겨울을 극복하기 위한 지혜인 동시에 '따뜻한 남쪽을 선호하는 민족'임을 시사하는 것이다.

그렇다고 하여 모든 취락이 남향이거나 동향인 것은 아니다. 북쪽으로 방향을 잡은 취락도 약 17%에 달한다. 물론 취락이 진산을 중심으로 북쪽을 향해 입지한 경우는 겨울의 북서계절풍의 찬바람을 받지 않도록 지세를 이용하여 방위를 잡고 있다. 남한산성 아래에 위치한 하남시 춘궁동의 두머마을은 거의 북쪽에 가까운 방향으로 좌향을 잡았지만, 북서쪽에 이성산二聖山이 찬바람을 막아 주고 있어 별 문제가 되지 않는다. 이러한 점도 두모식 취락입지와 풍수지리식 취락입지의 차이점이라고 할 수 있다. 전북 무주군 무풍면 덕지리의 도마마을은 삼도봉을 비롯하여 대덕산과 덕유삼봉산 줄기가 둘러쳐 있고, 그곳으로부터 발원한 하천이 북류하여 금강에 합류하기 때문에 북북서쪽으로 열려 있는 분지에 입지해 있다.

두모계 지명이 명명된 취락에는 대부분 크고 작은 하천이 흐르고 있다. 이들 하천은 마을 앞을 흐르거나 또는 마을을 관통하여 흐르는 경우도 있다. 그런데 이들 하천은 장마철 강수량이 집중될 때에도 범람하지 않는다는 공통점을 지니고 있다. 즉 두모식 지형의 하천들은 마을 주민에게 생활용수를 공급해 줄 뿐 수해를 입히지 않는다는 것이다. 그곳에 삶의 터전을 이룩한 선조들은 풍수적 조건을 헤아리기보다 생활의 조건을 고려한 것이다. 이러한 공간이 지기地氣를 고려하지 않은 일반적 명당으로 인식되었던 것 같다. 이들 중 많은 지역들이 후세에 명당이라는 풍수적 관념이 덧씌워진 것은 아닐까?

제II편 국토에 각인된 두모사상

그림 69 전북 무주군 무풍면 덕지리 도마

한민족에게 두모사상이 뇌리에 새겨진지는 오래되었으나, 중국으로부터 유입된 풍수지리사상이 확산되면서 두모사상은 풍수사상과 절충하거나 결합되어 그 의미가 모호해진 것으로 사료된다. 풍수사상이 어용화御用化하고 권력화하면서 한민족 고유의 사상인 두모사상은 풍수사상에 덮여 쓰이거나 잊혀지게 되었다. 그 까닭에 우리는 두모사상을 망각한 채 풍수사상만을 한국인의 전통적 사상으로 착각하게 된 것이다.

한민족 고유의 사상인 두모사상에서는 원래 풍수사상에서 사회적 문제가 되고 있는 음택풍수陰宅風水가 존재하지 않는다. 그러다 조선 중기 두모사상에 음택풍수가 덧칠되어 융합되었을 것으로 짐작된다. 또한 두모사상에는 풍수사상에서 설명하는 것처럼 명당의 지기가 동기감응同氣感應하여 후손이 발복發福한다는 검증불가능한 내용이 없다. 그럼에도 불구하고 본서의 사례연구에서 밝혀진 바와 같이 두모계 지명에는 역사적으로 걸출한 인물과 위인을 배출한 바 있으며, 풍수적으로 명당이라 일컫는 묘지가 많이 분포함을 확인하였다.

본서에서 살펴본 바와 같이 두모계 지명의 취락 중 풍수와 관련된 곳이 적지 않았다. 특히 임진왜란 때 명나라에서 온 두사충과 관련된 지명전설이 청원군 문의면의 두모리를 비롯하여 김포시 대곶면 상마리의 도마산마을, 이천시 수정리의 두무재, 충주시 엄정면 목계리의 두모소 등지에서 발견되었다. 제천시 봉양읍 삼거리의 두무실은 풍수상 명당임을 강조하기 위해 두사충 전설이 왜곡되어 전해 내려오고 있다. 두모계 지명 중 두사충과 결부된 지명해석이 아니더라도 풍수적 명당으로 알려진 지명은 대부분의 취락에서 발견할 수 있는데, 특히 시흥시 도창동의 도두머리를 위시하여 충주시 동량면 손동리의 두무실, 충주시 엄정면 용관동의 두무소마을, 화성시 향남읍 상두리의 두머리, 고성군 죽왕면의 왕곡마을 등은 풍수적 명당으로 알려져 있다. 이곳에는 오래전에 조성된 묘역이 많다는 공통점이 있다. 또한 양구군 남면의 두무리를 비롯하여 포항시 죽장면의 두마리, 고성군 죽왕면의 두모산 등은 전란을 입은 적이 없는 피난처로 알려져 있다.

상술한 바와 같이 우리나라 두모계 지명과 명당이라 일컬어지는 곳에는 두사충과 관련된 전설이 많이 남아 있다. 두사충은 중국 두릉杜陵 사람으로 임진왜란이 일어나자 조선을 돕기 위해 명나라 제독 이여송李如松과 함께 한반도에 온 책사였다. 그가 맡은 업무는 지세를 살펴 진지를 펴기 적합한 장소를 잡는 수륙지획주사水陸地劃主事라는 직책이었다. 따라서 그는 이여송의 일급참모로서 항상 군진軍陣을 펴는 데 조언해야 했고, 조선과의 합동작전을 할 때 조선군과도 전략·전술상의 긴밀한 협의를 했다. 이러한 인연으로 그는 당시 우리나라 수군을 통괄하던 충무공 이순신 장군과도 아주 절친했던 것으로 알려져 있다. 임진왜란이 평정되자 두사충은 고향으로 돌아갔는데, 정유재란이 발발하자 그의 매부인 진린陳璘 도독과 함께 조선으로 왔다. 이때 두사충은 충무공과 다시 만나게 되었는데, 충무공은 우리나라 장수도 아닌 외국인이 수만리 길을 멀다 않고 두 번씩이나 나와 도와주자 감격하여 두사충에게 한시漢詩를 지어 고마움을 표했다. 한문으로 쓴 그 시의 내용은 다음과 같다.

> 북으로 가면 고락을 같이하고
> 동으로 오면 죽고 사는 것을 함께하네
> 성 남쪽 타향의 밝은 달 아래
> 오늘 한 잔 술로써 정을 나누세

시의 내용을 보면 충무공이 두사충을 아끼는 마음이 잘 드러난다. 이후 정유재란도 평정되자 두사충은 압록강까지 매부를 배웅한 후 자신은 조선에 귀화하였다. 그러나 사람이 늙으면 누구나 고향이 그리운 법, 수만 리 떨어진 타국에서 편안한 생활을 하는 두사충이었지만 고국에 두고 온 부인과 형제들이 생각나지 않을 수 없었다. 두사충은 대구의 최정산현재의 대덕산 밑으로 집을 옮겨 고국인 명나라를 생각하는 뜻에서 동네 이름을 대명동大明洞이라 붙이고 단을 쌓아 매일 초하루가 되면 고국의 천자 쪽을 향해 배례를 올렸다고 한다(대구광역시 수성구, 2012).

두사충은 명군을 따라 전장터를 따라 다녔겠지만, 한반도 모든 곳을 다닌 것은 아닌데도 불구하고 그와 관련된 전설이 지나치게 많다. 이것은 당시 뛰어난 풍수가로 소문난 두사충을 언급하여 명당화明堂化하려는 의도가 숨어 있을 것으로 짐작된다. 그러한 이유로 두모계 지명 중에는 두사충과 관련된 지명유래가 많다.

두모사상에서는 풍수지리의 형국론形局論에서 말하는 금계포란형金鷄抱卵形이나 옥녀탄금형玉女彈琴形과 같은 명당개념이 없다. 풍수의 형국론이란 산이나 하천을 동식물의 형상에 비유하는 것인데, 이와 같은 동물이나 사물의 형상은 보는 각도에 따라 달라지므로 과학적인 지형분석으로 볼 수 없다. 또한 명당의 용혈도龍穴圖에서 말하는 연화도수형蓮花倒水形이나 보검출갑형寶劍出匣形 등의 형국은 모두 두모식 지형에 속하는 것들일 뿐이다. 한국풍수에서는 흔히 명당의 길흉을 점치는데, 명당이 쟁반처럼 둥글면 의로운 자손이 나오고, 네모지면 지혜로운 자손이 나오며, 편평하면 자손들이 신의가 있고, 띠를 두르듯이 감싸면 효자가 나온다고 믿고 있다. 이러한 설명은 선험적 사례에 기초하여 만든 것이겠지만, 그 원리를 설명할 수 있는 과학적 근거는 어디에도 없다.

두모계 지명을 가진 사례지역에서 살펴본 바와 같이, 두모계 지명에는 명나라 책사 두사충과 같은 인물과 연결한 풍수적 색깔이 덧칠되어 전해지거나, 두 하천의 줄기가 합류한다는 '두묫개'에서 지명유래를 찾는 등의 견강부회식牽强附會式 해석으로 '두모'의 참뜻을 간과해 왔다. 실제로 두모계 지명 중 풍수적 명당으로 소문난 곳에 묘지가 많이 들어서 있거나 두 줄기의 하천이 합류하는 경우가 많지만, 두모사상에 두 개념이 들어가 있지는 않다. 기존의 풍수사상이 산 자와 죽은 자의 터 잡기라면, 두모사상은 산 자만의 터 잡기 사상이라고 할 수 있다. 우리 민족은 전통적으로 남향을 선호해 왔지만, 비록 북향이라 할지라도 두모식 지형인 곳은 명당으로 인식해 왔다. 국립대전현충원도 마찬가지이고, 동작동에 위치한 국립서울현충원이 그러하다. 이들 현충원의 입지선정 시에 풍수가의 의견이 개진된 것은 물론이다.

과거 우리 민족에게는 차가운 바람을 막아 주는 산줄기가 필요하였고, 그곳에서 건축재인 목재와 땔감을 구할 수 있었으며, 죽은 자의 묘지 터를 확보할 수 있었다. 산으로 둘러친 공간에는 산으로부터 원류한 하천이 흘러 생활용수와 농업용수를 확보할 수 있었다. 우리 민족은 그와 같은 삶의 터전 위에서 종족을 번식하며 대대손손 문화를 창출해 낸 것이다. 오늘날에는 이러한 곳들이 도시화와 공업화에 수반한 개발에 의해 파괴되고 풍수사상에 덮여 버리고 말았지만, 한민족의 고유한 두모사상은 보존되고 명맥을 이어 나아가야 할 것이다.

오랜 세월이 흐르면서 두모계 지명은 물론 두모사상은 점차 잊혀져 가고 있다. 경기도 가평군 북면 적목리는 잔존해 내려오는 지명과 그 지세로 보아 두모식 지명임이 분명한데도 두모계 지명이 소멸되었다. 그 근거는 이 일대가 화악산을 비롯하여 국망봉·청계산·명지산으로 둘러쳐 있고, 이들 산줄기를 넘어 강원도 방면으로 통하는 고개가 도마치봉 아래의 도마치이며, 북한강으로 합류되는 하천이 도마천이라는 점을 들 수 있다. 이 지역의 지세는 수치지도를 이용하면 용이하게 파악할 수 있다. 특히 화악산 일대는 한반도의 지리적 중심에 해당하

사진 97 서울시 동작동의 전형적인 두모식 지형

제II편 국토에 각인된 두모사상

는 곳으로 위도와 경도에서 표준적 지점이 되는 위치에 해당한다.

가평군 북면 적목리와 유사한 경우는 강원도 강릉시 왕산면 도마리에서도 찾아볼 수 있다. 백두대간 동쪽 사면에 해당하는 왕산면 하천은 석두봉을 위시하여 두리봉·만덕봉·칠성산 등지에서 발원한 실개천이 도마천에 합류했다가 왕산천과 함께 강릉저수지로 흘러들었고, 남대천을 통해 동해로 흘러든다. 왕산리 동쪽의 구정면 어단리 동막마을의 경우도 하계망은 달라도 이와 유사하다.

이상의 사례는 해발고도가 1,000m 내외의 험준한 산악지대의 경우이지만, 충남 서천군의 경우는 해발고도가 300m 내외이며, 그보다 낮은 저산성 구릉지가 둘러싼 분지에 도마천이 흐르고 있다. 이 일대에는 시초면의 도마다리마을과 도마천을 비롯하여 서천읍의 두왕리와 종천면의 도만리 등과 같은 두모계 지명이 집중적으로 분포하고 있다. '두왕'과 '도만'은 전술한 바와 같이 두모계 지명이다. 이들 취락들은 저산성 산지로 둘러친 분지에 입지하고 있다.

사상思想이란 무엇인가. 사상이란 사회·정치·인생 등에 대한 일정한 견해나 생각이라 정의될 수 있고, 또한 사고 작용의 결과로 얻어진 체계적이고 논리적인 의식 내용을 일컫는 것이다. 두모사상은 '풍수'라는 용어가 우리나라에 유입되기 전부터 우리 민족의 뇌리 속에 뿌리를 내린 고유한 생각이었으며, 그 생각으로 자리를 잡은 터전 위에서 생활을 영위하며 문화를 이루어 내었다. 비록 풍수사상이 두모사상에 덧칠되어 그 의미가 모호해지기는 하였지만 두모사상이야말로 우리 민족을 대표하는 사상 중 하나라고 규정할 수 있을 것이다.

우리 민족의 전통적 사상은 한국인이 민족의 태동기 때부터 가지

그림 70 경기도 가평군 북면 적목리의 도마천과 도마치

고 있는 사상을 말함인데, 이는 단군신화와도 연관되어 있는 신시神市
의 시민의식이 바탕이 된 선민의식選民意識과 홍익인간弘益人間이 내포
하고 있는 인간애를 포함하고 있다. 그 후에 우리의 사상체계는 중국
사상과 밀접한 관계를 맺으면서 한국인에 맞게 재창조하는 길을 걸어
왔다. 한국인의 전통적 사상은 민족주의적이면서 호국사상護國思想의
특징을 가지고 있고, 범신론적汎神論的 자연관을 가졌으며, 온정적이
고 예술적인 성격이 농후하였고, 외부 사상의 수용 태도에 있어 개방
성과 보수성이라는 일견 모순적인 특징을 함께 가지고 있다고 볼 수
있다. 그러나 두모사상으로 요약되는 우리 민족의 자연관을 간과하거

그림 71 강원도 강릉시 왕산면 도마리와 도마천

그림 72 충남 서천군 도마다리, 도마천, 두왕리, 도만리

나 중국식 풍수사상에 매몰되어 버리는 사상적 결함 속에서 한국인의 이러한 사상적 정체성은 모호해질 수밖에 없을 것이다. 상고시대부터 현대에 이르기까지 면면히 지속되어 온 우리 고유의 사상이 과연 얼마나 되는지 생각해 볼 필요가 있다. 바로 이것이 두모사상이 한국인의 자연관과 관련한 사상의 근본이 되어야 하는 이유이다.

우리는 본서에서 두모식 지형에 위치하고 두모계 지명으로 명명된 취락들이 대개 안전하게 살기 좋고 인재가 많이 배출된 곳임을 확인할 수 있었다. 이들 취락들이 풍수에서 말하는 명당의 여부를 떠나 주역周易의 체계와 음양오행, 참위설讖緯說과 혼합된 음양지리와 풍수도참으로 점철된 풍수사상의 시각에서 본 것과 동일하다면 구태여 정상과학normal science으로 자리매김하는 데 한계를 보이는 풍수사상에 현혹될 필요가 없을 것이다. 그렇다고 하여 두모사상과 섞여 버린 풍수사상을 배격하거나 무시할 필요는 없다. 다만 미신적 요소가 가미된 풍수사상보다 사람 냄새 나는 인간다운 두모사상을 계승 발전시키는 것이 현대를 사는 우리의 책무일 것으로 생각된다.

참고문헌

국내문헌

강길부, 1985, 향토와 지명, 정음사.

강길부, 1997, 땅이름 국토사랑, 집문당.

강원도민일보, 2009, 강원의 명산, 강원도민일보사.

경기문화재단, 2000, 시흥시의 역사와 문화유적, 경기도.

경상북도교육위원회, 1984, 경상북도 지명유래총람,

권상노, 1961, 한국지명연혁고, 동국문화사.

권선정, 2003, 풍수의 사회적 구성에 기초한 경관 및 장소 해석, 한국교원대학교 대학원
     박사학위논문.

權仁瀚, 2005, 中世韓國漢字音訓集成, 제이앤씨.

김기혁·임종욱, 2008, "지리학에서 지명 연구 동향," 지명의 지리학, 푸른길, pp.15-32.

김득황, 1978, 한국사상사, 대지문화사.

김민수 편, 1997, 우리말 어원사전, 태학사.

김방한, 1989, 한국어의 계통, 민음사.

김석형, 1988, 고대한일관계사, 한마당.

김성호·김상한, 2008, "한반도를 경유한 쿠다라," 한중일: 국가기원과 그 역사, 맑은소
     리, pp.117-186.

김순배·김영훈, 2010, "지명의 유형분류와 관리 방안," 대한지리학회지, 45(2), 201-
     220.

김윤학, 1996, 땅이름 연구: 음운·형태, 박이정.

김철준, 1975, "백제사회와 그 문화," 한국고대사연구, 서울대학교출판부.

나유진, 2013, 두모계 지명의 분포와 취락입지, 고려대학교 대학원 석사학위논문.

남영우, 1992, "일제 참모본부 간첩대에 의한 병요조선지지 및 한국근대지도의 작성과
     정," 문화역사지리, 4, pp.77-96.

남영우, 1997, "고지명 '두모' 연구," 지리교육론집, 36, pp.116-125.

남영우, 2008, "두모계 고지명의 기원과 분포," 지명의 지리학, 한국문화역사지리학회
     편, 푸른길, pp.35-58.

노도양, 1970, "한국문화의 지리적 배경," 한국문화대계 I , 고려대학교 민족문화연구

소.

도수희, 1991, "백제의 국호에 관한 몇 문제," 백제연구, 22, pp.27-51.

木浦大學校博物館, 1987, 新安郡의 文化遺蹟, 목포대학교.

박성종, 1996, 朝鮮初期 吏讀 資料와 그 國語學的 硏究, 서울대학교 박사학위논문.

박시익, 1987, 풍수지리설 발생배경에 관한 분석연구, 고려대학교 대학원 박사학위논문.

박용숙, 1975, 신화체계로 본 한국미술론, 일지사.

박종홍, 1974, "한국철학사," 한국사상사: 고대편, 법문사.

배우리, 1992, "땅이름 속의 우리말: 한가람(2)," 땅이름, 14, pp.18-22.

배우리, 1994, 우리땅 이름의 뿌리를 찾아서, 토담.

변성규, 2003, 중국문화의 이해, 학문사.

서산시 편, 2006, 충남지역의 문화유적, 13, 백제문화개발연구원(www.paekje.or.kr/...
    /pamenu02_03.htm)

송기호, 1989, "발해사 연구의 문제점," 한국상고사, 민음사, pp.275-284.

양주동, 1965a, 朝鮮古歌硏究, 박문서관.

양주동, 1965b, 增訂 古歌硏究, 일조각.

오창명, 2006, "「耽羅圖」와 지명," 탐라문화, 28, pp.145-172.

윤홍기, 2011, 땅의 이름, 사이언스북.

이기문, 1990, "韓國音韻史硏究," 蘭汀南光祐博士 古稀紀念集, 한국어문교육학회,
    pp.11-15.

이기백, 1994, "한국의 풍수지리설," 한국사시민강좌, 4, 일조각.

이기봉, 2007, 고대도시 경주의 탄생, 푸른역사.

이몽일, 1991, 한국풍수사상사: 시대별 풍수사상의 특성, 명보문화사.

이병도, 1980, 고려시대의 연구, 아세아문화사.

이병선, 1988, 韓國古代國名地名硏究, 아세아문화사.

이상균, 2010, "자연촌락 상례문화의 지속과 변화: 경기도 군포시 도마교동을 중심으
    로," 한국의 민속과 문화, 15, pp.85-106.

이영택, 1986, 한국의 지명: 한국지명의 지리·역사적 고찰, 태평양.

이종욱, 1989, "백제 국가형성사 연구의 동향," 한국상고사, 민음사, pp.275-284.

이 찬, 1970, "한국지리학사," 한국문화사대계Ⅲ: 과학·기술사, 고려대학교 민족문화연
    구소.

이헌종, 2003, "자은도의 신발견 옹관고분," 도서문화, 22, pp.89-120.

이혜은, 2008, "지명에 나타난 지역 문화," 지명의 지리학, 한국문화역사지리학회 편,

　　　푸른길, pp.172-191.

인천부 편, 1899, 仁川府邑誌.

임동권, 1967, "삼국시대의 巫·占俗," 백산학보, 3, pp.168-172.

장장식, 1993, 韓國의 風水說話 연구, 경희대학교 대학원 박사학위논문.

장장식, 1995, 한국의 풍수설화 연구, 민속원.

전영률, 2006, "독도는 우리나라의 신성한 영토," 독도연구, 2, pp.1-18.

전용신 편, 1993, 한국고지명사전, 고려대학교 민족문화연구소.

정윤섭, 1997, 해남군, 향지사.

제천제원사편찬위원회, 1988, 제천제원사, 제천시.

지헌영, 1942, "조선지명의 특성," 朝光, 8(9), 조광사, pp.196-211.

千寬宇, 1977, 韓國上古史의 爭點, 學生社, 東京.

천소영, 1990, "고대 고유명사 차음표기연구," 한국어문교육 학회편, 난정 남광우 박사
　　　기념집, pp.630-644.

천소영, 2003, 한국 지명어 연구, 이회문화사.

최남희, 2004, 고구려어 연구, 박이정.

최명재 역, 2004, 太虛亭崔恒先生文集, 광주문화원.

최문희, 1988, 충남토속지명사전, 민음사.

최영준, 1997, "강화지역의 해안저습지 간척과 경관의 변화," 국토와 민족생활사, 한길
　　　사, pp.175-227.

최원석, 2000, 영남지방의 비보, 고려대학교 대학원 박사학위 논문.

한국지명학회, 2007, 한국지명 연구, 이화문화사.

한국학중앙연구원, 2009, 한국민족문화대백과: 충주편.

한글학회, 1985, 한국지명총람(경기편: 상).

한영국, 1981, "豆毛惡 老", 사학논집, 지식산업사, pp.809-823.

해남군, 1986, 해남군의 문화유적, 해남군.

홍금수, 2011, "남한산성 취락의 역사와 상징경관," 남한산성 세계유산 등재신청서 작성
　　　1단계 OUV 도출, 경기문 화재단 남한산성문화관광사업단, pp.19-48.

일본문헌

高野史男, 1989, "耽羅古代地理考(1)," 濟州道, 1, pp.18-22.

高野史男, 1996, 韓國濟州道, 中公新書, 東京.

關晃, 1990, 歸化人: 古代의 政治·經濟·文化를 語る, 至文堂, 東京.

光岡雅彦, 1982, 韓國古地名의 謎, 學生社.

鏡味明克, 1960, "朝鮮における里・洞を語尾とする集落名," 地理, 13(1), 古今書院, 東京, pp.11-22.

鏡味明克, 1964, 日本の地名, 角川書店, 東京.

鏡味明克, 1979, "地名研究の系譜," 地理, 24(11), 古今書院, 東京, pp.7-13.

吉崎正松, 1988, 都道府縣名と國名の起源, 古今書院, 東京.

吉田東伍, 1909, 大日本地名辭書續編, 富山房, 東京.

金思燁, 1979a, 記紀萬葉の朝鮮語, 六興出版, 東京.

金思燁, 1979b, "古代朝鮮語と日本語," 古代日本と朝鮮文化, プレジデント社, 東京.

金達壽, 1990, 古代朝鮮と日本文化, 講談社, 東京.

金澤庄三郎, 1910, "日韓の地名について," 史學雜誌, 21(11), pp.1-9.

金澤庄三郎, 1952, "韓國古地名の研究," 朝鮮學報, 3, pp.1-5.

金澤庄三郎, 1978, 日鮮同祖論, 成甲書房, 東京.

落合弘樹, 2004, "朝鮮修信使と明治政府," 駿臺史學, 121, 1-20.

大野透, 1961, 萬葉假名の研究, 明治書院, 東京.

稻葉岩吉, 1925, "北鮮における女眞語の地名," 朝鮮文化史研究, 雄山閣, 東京, pp.346-352.

柳田國男, 1937, 地名の研究, 古今書院, 東京.

林雅子 譯, 1996, 中國姓氏, 第一書房, 東京.

鈴木秀夫, 1988, 超越者と風土, 大明堂, 東京.

馬淵知夫・李寅泳・大橋康子, 1979, "三國史記記載高句麗地名古代高句麗考察," 文藝言語研究言語編, 4, 筑波 大學, pp.1-47.

武光誠, 2007, 知っておきたい日本の名字と家紋, 角川ソフィア文庫, 東京.

白鳥庫吉, 1985a, "朝鮮古代諸國名稱考," 史學雜誌, 6(7), pp.4-12.

白鳥庫吉, 1985b, "朝鮮古代地名考," 史學雜誌, 6(10), pp.1-6.

山口惠一郎, 1970, "地理における地名研究の意義," 地理, 15(3), 古今書院, 東京, pp.13-17.

山口惠一郎, 1987, 地圖に地名を探る, 古今書院, 東京.

山岡浚明, 1904, 類聚名物考, 近藤活版所, 東京.

松尾俊郎, 1959, 地名の研究, 大阪教育圖書, 大阪.

松尾俊郎, 1970, "地名をさぐる," 地理, 15(3), 古今書院, 東京, pp.7-12.

松村瞭, 1930, "地名と人種名," 地理學評論, 5(7), pp.1-6.

辛兌鉉, 1940, "朝鮮姓氏の起源," 朝鮮, 297, pp.56-63.

宇佐美稔, 1978, "朝鮮語源の日本地名," 日本文化と朝鮮, 3, 朝鮮文化社, 東京, pp.274-

292.

帝國學士院 編, 1944, 東亞民族名彙, 三省堂, 東京.

鮎貝房之進, 1938, "朝鮮地名攷," 雜攷, 7, 近澤出版部, 京城.

朝鮮總督府, 1911, 朝鮮地誌資料(京畿編).

中村新太郎, 1925, 朝鮮地名考察, 地球, 1, pp.8-16.

楮村大彬, 1978, 地理名稱の表現序說, 古今書院, 東京.

楮村大彬, 1985, 自然地理用語からみた世界の地理名稱上卷, 古今書院, 東京.

楮村大彬, 1992, 世界の市町村名稱, 古今書院, 東京.

川琦繁太郎, 1935, "朝鮮地名の變遷について," 朝鮮, 246, pp.21-31.

千葉德爾, 1994, 新地名の研究, 古今書院, 東京.

向山武男, 1926, "朝鮮平安北道南市地方部落名", 地球, 5, pp.3-10.

서양문헌

Aurousseau, M., 1957, *The Rendering of Geographical Names*, Hutchinson University
    Library, London.

Burnil, M. F., 1956, Toponymic Generics, *Names*, 4, pp.129-137.

Gelling, M., 1976, The evidence of place-names, *Medieval Settlement: Continuity and
    Change*, Edward Arnold, London, pp.200-211.

Huntington, E., 1945, *Civilization and Climate*, Yale University Press, New York.

Pine. L. G., 1965, *The Story of Surnames*, David & Charles, Newton Abbot.

Potter, S., 1950, *Our Language*, William Clowes & Sons, London.

Stamp, D. ed., 1961, *A Glossary of Geographical Terms*, Longmans, London.

http://news585.ndsoftnews.com

대구광역시 수성구, 2012(suseong.kr/01_intro/page.htm?mnu_uid=32)

색인

ㅇ

ㅊ

ㅋ

저자 약력

서울대학교 사범대학 지리과 졸업
서울대학교 대학원(M.A.)
일본 쓰쿠바대학 대학원(M.S. 및 Ph.D.)
고려대학교 조교수·부교수
일본 쓰쿠바대학 외국인 교수
미국 미네소타대학 방문교수
대한지리학회 편집위원장
한국도시지리학회 회장 역임
행정안전부 지역발전분과위원
국무총리실 세종시 민관합동위원
현재 고려대학교 사범대학 지리교육과 교수

주요 논저

두모계 고지명의 기원
고지명 「두모」 연구
도시문명의 발생과 지절률
이븐 할둔의 '역사서설'에 나타난 도시문명의 성쇠
지명의 지리학(공저)
세계화시대의 도시와 국토(공저)
지리학자가 쓴 도시의 역사
일제의 한반도 측량침략사
도시공간구조론
서울의 도시구조변화(공저)
한국의 도시(공저)
도시와 국토
도시구조론
日本の生活空間(공저) 외 다수